Kira Deltenre

Der Pestizid-Ausstieg

Der Paradigmenwechsel –
ein wissenschaftlicher Enthüllungsthriller

www.tredition.de

Verlag und Druck:
tredition GmbH, Halenreie 40-44, 22359 Hamburg

ISBN
Paperback: 978-3-347-30407-9
Hardcover: 978-3-347-30408-6
e-Book: 978-3-347-29354-0

Inhaltsverzeichnis

Die 10 urbanen Mythen der agrarindustriellen IrreFührung:

1. **Wir brauchen Pestizide für Rekorderträge, um den Hungernden zu helfen.** Die Verluste durch Foodwaste, Agrarsprit und Klimaveränderung betragen das Vielfache der Verluste durch natürliche Schädlinge. Kleinere Autos und Steaks wären eine effizientere und günstigere Lösung des Klima- und Hungerproblems. Hunger ist kein landwirtschaftliches Problem, sondern ein politisches, bzw. moralisches.
2. **Notwendigkeit und Nutzern der Pestizide sind wissenschaftlich legitimiert.** Die wissenschaftlichen Beweise fehlen jedoch, sie sind meist geheim, oder fehlerhaft.
3. **Bio produziert weniger als industriell.** Nur in Europa. Zudem produziert die US-Agrarindustrie kaum halb so hohe Weizenerträge wie die europäischen Bauern.
4. **Bio ist teurer als industriell.** Die besten bio-Methoden können alle Grundnahrungsmittel rentabler und oft billiger produzieren als industriell.
5. **Wir brauchen die Agrarindustrie.** Die Hungerhilfe ist die einzige Legitimierung der Pestizide. Dennoch hat global jedeR zweite Angst vor dem (Ver-)hungern, und JedeR zweite wird an Krebs erkranken. Und dieser Leistungsausweis legitimiert die landwirtschaftliche Führungsrolle der stets bekennend verantwortungslosen Chemieindustrie, und ihre Nutzung der Nahrungsproduktion als Anreicherungssubstrat für ihre Giftstoffe? Mit ihren Subventionen hätte ein Paradies auf Erden für Alle finanziert werden können.
6. **„Kavaliersdelikt" Zivilisationserkrankungen:** Krebs tötet in jeder Familie, das ist der wissenschaftliche Beweis, dass die Grenzwerte und Belastungen auch der Pestizide viel zu hoch sind. Die Bagatellisierung dieser lukrativen Massentötung ist der Freipass und Garant für die weitere Expansion dieses Gefährdungsbusiness.
7. **Toxische Pestizide dürfen nicht generell verboten werden, das verstösst gegen die freie Marktwirtschaft.** Sondern nur

harmloses traditionelles Saatgut. Und wenn die Bauern der armen Länder sich das hyperteure Industriesaatgut nicht leisten können, dann...

8. **Wir können uns die Bauern nicht leisten.** Sondern nur die Millionenboni der Agrarmanager und -Gewinne der Agrarspekulanten einer quersubventionierten, giftigen Investmentblase. Die mit ihrer Patentlösung Bauernsterben den einzig wirklich benötigten Fachleuten die Existenzberechtigung entzieht.

9. **Die Chemieindustrie ist die wissenschaftlich legitimierte Fachkompetenz des Agrarsektors.** Obwohl sie gegen fast alle Gesetze der Wissenschaft und Justiz verstösst. Die Chemiesteuerung der Landwirtschaft entzieht den praxiserfahrenen echten Experten des Feldes, den Bauern jede Fachkompetenz. Die Entwicklung immer neuer Gifte, um die bereits verbotenen zu ersetzen, legitimiert nicht das landwirtschaftliche Fachmonopol der Giftchemie.

10. **Die Einhaltung der Naturgesetze ist unrentabel.** Wenn auch nur im Agrarsektor, behauptet die Agrarchemie. Die wissenschaftliche Expertin für lebende (Produktions-)Systeme ist die Ökologie, zum Kostenfaktor wird sie nur, wenn das entscheidende Erfolgskriterium, das Fachwissen fehlt.

Die fehlende Existenzberechtigung der Pestizidindustrie

„Wir entwickeln Technologien nicht, um zu tun, was wir tun wollen, sondern wir tun das, was sie möglich machen." Zygmunt Baumann

Mythos Pestizid
„Pestizide sind genauso unverzichtbar und ungefährlich wie AKWs. Ohne sie können wir nicht leben!?"
Die Krisen stehen Schlange: Zivilisationserkrankungen, Klima- und Umweltzerstörung – ein unaufhaltsamer Mahlstrom des Verderbens? Und nirgendwo ein sicherer Hafen in Sicht?!
Unsere Ohnmacht ist in Wirklichkeit nur das Bravourstück eines Brainwash, virtuos inszeniert, aber doch virtuell: Denn die Macht solcher Geschäftsstrategien beruht auf urbanen Märchen und Tabus, die einer wissenschaftlichen Verifizierung nicht standhalten, auf angeblichen Sachzwängen, die nur funktionieren, solange sie nicht durchschaut werden.

Der Paradigmenwechsel
Ein Leben ohne Pestizide scheint unvorstellbar, die Idee eines Pestizidausstiegs fast ein Sakrileg, Pestizide sind die heilige Kuh der Agrarpolitik. Zwei Schweizer Volksinitiativen wagten es, ein Pestizidverbot einzufordern, und ein übermächtiges industrielles Dogma in Frage zu stellen.
Die Führungsrolle der Chemieindustrie über die Nahrungsproduktion ist das wohl verheerendste Tabu der modernen Ära: Denn wozu brauchen wir die Agrarchemie, was kann sie, was die Bauern nicht können? Um Nahrungsmittel herzustellen braucht es Ackerland, Regen, Saatgut, Dünger, Maschinen, Bauern und Fachwissen.
Mehr nicht.

Die industrielle Hungerhilfe
„Die Natur sei gefährlich?" – Projektion, Affinität, Strategie einer einschlägig vorbestraften Giftchemie?
Die Agrarindustrien beharren auf Pestizide, weil so viele Menschen (ver)hungern? Und lobbyieren gleichzeitig einen foodwaste, der alleine

schon das Mehrfache an Nahrungsmittel wie sämtliche Insekten, Blumen und Pilze zusammen vernichtet. Sowie das Landgrabbing und das Weizen verheizen, bzw. der Agrarsprit für übergewichtige SUFFs. um mit dem künstlich arrangierten Sachzwang Hunger ihre Giftlösungen zu legitimieren.

JedeR zweite hat Angst vor dem (Ver-)hungern, und JedeR zweite wird an Krebs erkranken. Und dieser Leistungsausweis legitimiere die landwirtschaftliche Führungsrolle eines stets bekennend verantwortungslosen Agrarbusiness?

Die Politik vertraut die Hungerhilfe Managern an, die in einer Stunde mehr verdienen als die Ärmsten in einem ganzen Leben. Und die versprechen, all jene Probleme zu lösen, die wir ohne sie nicht hätten.

Kognitive Dissonanz

Die Kunst der Magie besteht darin, Augenmerk und Aufmerksamkeit in eine andere Richtung zu lenken.

Die Kunst des Lobbyings besteht im Vorspiegeln falscher Tatsachen, um Politik und Presse auf falsche Prämissen einzuschwören, auf falsche Problemanalysen und -Lösungen. Der industrielle Tunnelblick verhindert die Wahrnehmung der wirklich wichtigen Frage: Ist es wirklich sinnvoll oder gar unvermeidlich, die Hälfte der Bevölkerung zu Tode zu vergiften?

Wir müssen die Möglichkeit in Betracht ziehen, dass sich unsere (Agrar-)Politik auf einen Kollisionskurs mit jeder Logik und Moral konzentriert.

Die Natur ist nie das Problem. Die Natur ist das System.

Wenn jemand erfriert, macht es wenig Sinn, den Schnee zu bekämpfen. Wenn jemand verhungert, macht es wenig Sinn, die Insekten und Gräser zu bekämpfen.

Schuld an solchem Leiden ist nicht die herzlose Natur, sondern die mangelnde Solidarität.

Böse, böse Gravitationskraft? Wenn Flugzeugingenieure Misserfolge so begründen, fliegen sie.

Böse, böse Schmetterlinge und Blumen? Wenn Agraringenieure Misserfolge so begründen, werden sie mit Forschungsmillionen überschüttet.

Die feindliche Übernahme der Landwirtschaft
Die einzige Existenzberechtigung der Pestizidindustrie ist das edle humanitäre Engagement ihrer Hungerhilfe. Dank dem sie sich das fachliche Führungsmonopol über die Landwirtschaft aneignen durfte und das Recht, die Nahrungsproduktion als Anreicherungssubstrat für ihre Gifte zu nutzen.
Mit dem Feindbild böse Natur und der Patentlösung Bauernsterben gelang es der Chemieindustrie, den einzig benötigten Nahrungsproduzenten jede Fachkompetenz und Existenzberechtigung abzusprechen.
Die Chemie-Strategie entreisst den Bauern die Kontrolle über die Nahrungsproduktion.
Der einzige echte Mangel der Landwirtschaft ist die fehlende Wertschätzung der echten Experten des Feldes. Denn die rentabelste aller Investitionen ist Fachkompetenz, Probleme löst man mit Wissen, Gifte lösen keine Probleme, sie lösen nur noch mehr davon aus.
Die beste fachliche Praxis verhindert Probleme präventiv, darum engagiert sich die Klientelpolitik, dass bio, öko und Bauernstand mitsamt ihrem Fachknowhow verschwinden. Bevor sie beweisen können, dass das Agrarbusiness und seine Pestizide überflüssig sind.
Die Kunst der Interessenpolitik besteht darin, auch idealistische Ziele und Gesetze in maximale Profite umzumünzen. Indem sie geschickt falsche Problemanalysen vorschickt, um so den Blick auf die eigentlichen Problemursachen zu verstellen.
Die Landwirtschaft ist so komplex, dass sie für lukrative Irreführungen geradezu prädestiniert ist. Die Pestizidindustrie verkauft ihre Gift-Lösungen mit einer „ganzheitlichen" Palette humanistischer, ökonomischer, wissenschaftlicher, erkenntnistheoretischer und neu sogar ökologisch verbrämter Slogans und Sachzwänge.

Eine unbeachtete, mächtige Schutzinstanz
Eine Falle funktioniert nur, solange man die Auswege nicht erkennt. Und die Verbündeten.
Die Wissenschaft ist das moderne Instrument der Wahrheitsfindung.
Sie wurde von der Wirtschaft gekapert, und als Werbeträger missbraucht.
Aber die Wissenschaft eignet sich nicht nachhaltig für die Legitimierung von Manipulationen und Fehlanleitungen – denn die bleiben immer nachweisbar.
Die systematische, wissenschaftliche Verifizierung der agrarindustriellen Erfolge zeigte auf, dass diese sich auf dem blinden Glauben in sie limitieren, auf Tabus, die ihre Macht verlieren, sobald sie wahrgenommen werden.
Denn Betrugskonstrukte sind marode Flickwerke, je gewaltiger der Machtapparat, desto lückenhafter ihre Kontrolle und Koordination, und desto peinlicher die Pannen, mit denen sich die Seilschaften der Klientelpolitik immer tiefer in ihr komplexes Netz aus Lug und Trug verheddern. Das plumpe Niveau der Fehler erheitert, und befreit.

Glyphosat – das staatliche öko

Insiderwissen statt IrreFührung: Die Ressourcenschutz-Subventionen für die Glyphosat-Direktsaat sind das Paradebeispiel einer menschenverachtenden Greenwash- Strategie.

Gift statt Pflug

Der Frühling, kommt, die Wiesen überziehen sich mit bunten Frühlingsblumen.

Aber vermehrt auch mit den gelblich-rostroten Herbstfarben der Direktsaat.

Die Agrarministerien nahmen die Ängste der Bevölkerung ernst und engagieren sich nun für den Schutz der Natur: Mit schönen Fotos präsentieren sie den von Pferden gezogenen, bodenschädigenden Pflug, dahinter der Traktor mit dem Retter der Erde, dem ressourcenschützenden Glyphosat. [1-2]

Denn Glyphosat statt Pflug sei Umweltschutz?

In den meisten Industrieländern fliessen gigantische Förderströme in dieses Musterbeispiel einer innovativen öko-Strategie mit ihren netten Etiketten: Direktsaat, *no-tillage, no-till, direct seeding.*

Und ihren Rekordmengen an Glyphosat, die ins Grundwasser versickern.

Die IARC stuft Glyphosat als wahrscheinlich krebserregend ein.

„Öko"-Strategie Krebs statt Pflug

Umweltschutz dank noch grösseren Mengen an Herbiziden?

Wie nur konnten die Agrarministerien eine derart von allen guten Geistern verlassene öko-Strategie finanzieren und forcieren?

Die Wendepflüge dienen primär der Umwandlung einer Wiese in einen Acker, sie pflügen die Grasnarbe unter, um sie abzutöten.

Und genau das kann ein Herbizid eben auch.

Und Herbizide sind das Kerngeschäft der Agrarindustrie.

Aber wie nur verwandelt man den doch eher harmlosen Pflug in eine derartige Gefahr, dass sogar ein Krebsrisiko als öko-Fortschritt verkauft werden kann?

Die Pestizidindustrie brauchte für diese Verkaufsstrategie einen vertrauenswürdigen Partner: Der idealste war natürlich der Klimaschutz, denn wer würde es schon wagen, sich gegen die Rettung von Klima und Zukunft zu stellen?

2008 verkündete u.a. der Vorsitzende eines Pestizid-/Gentech-Konzerns, dass sie in den nächsten 25 Jahren bis zu 80 Milliarden Tonnen Kohlenstoff in die Äcker einlagern können. [3] Also über 3 Milliarden Tonnen Kohlenstoff pro Jahr, der Grossteil jener 4 Milliarden Tonnen Kohlenstoff, die jedes Jahr zusätzlich in der Atmosphäre verbleiben (bzw. ca. 15 Milliarden Tonnen CO_2). [4]

Glyphosat statt Pflug rettet das Klima, Heureka! Die Behörden jubelten und überschütteten den Retter von Himmel und Erde mit ihrem Geldsegen.

Der „geheime" Klima-Rettungsplan

Selbst der abstruseste Unsinn kann auf einer ursprünglich guten Idee basieren.

Und auch das ehrlichste Engagement kann auf das Surrealste missbraucht werden.

Das Kyoto-Protokoll ratifizierte einst die Einbindung des Kohlendioxids in die Biomasse und in die Böden. Dieses kaum noch bekannte Klimasanierungs-Konzept kann das gesamte überschüssige CO_2 vollständig und erst noch gratis aus der Atmosphäre entfernen. Auf Englisch existiert ein Fachbegriff für diese Methode, die *carbon sequestration*, nicht aber im Deutschen. [5-6]

Wir befinden uns in einer höchst bedrohlichen Gefahrenzone, unsere Experten entwickeln optimale, hocheffiziente Fluchtwege, die jedoch keine Namen bekommen und deshalb nirgends angeschrieben werden. Schwierig, das Klima zu retten mit einem anonymen Rettungsplan.

Deutsch ist eine Sprache, die Vieles elegant ausdrücken kann. Nun denn: „Humusbildung" wäre doch ein elegantes, schönes, verständliches Wort für das „in-die-Böden-einbauen-von-CO_2".

(Und für das noch weit effizientere „in-die-Biomasse-einbauen-von-CO2" existiert ebenfalls ein Fachbegriff: Wald, bzw. Wiederbewaldung.

Allerdings verkam diese win-win-Methode erst recht zum Top-secret der Klimapolitik. (mehr dazu im Klimabuch)

Die Humusbildung kann das Zuviel an Kohlendioxid gemächlich einbinden, sie kann aus einem Problemgas fruchtbare Erde machen. Die Umwandlung von CO_2 in Humus ist ein natürliches Recyclingsystem, das seit der Urzeit funktioniert: Pflanzen nehmen CO_2 auf und wachsen, sterben sie ab, werden sie von Bodenlebewesen gefressen, und diese scheiden den Kohlenstoff in Form von Humus aus. Sobald wir die Fruchtbarkeit der Natur nicht mehr mit Gewalt klein machen, mit Pestiziden und Motorsägen, reinigt sich das Klima von alleine. Der Kohlenstoff will ja nichts anderes, als am Leben mitmachen, er ist das Grundgerüst jedes Lebewesens.

Dieses rettende, von fast allen Staaten ratifizierte Klimasanierungs-Konzept wurde finanziell nie gefördert oder gar umgesetzt.

Ausser mit einer einzigen Methode: Der Glyphosat-Direktsaat.

Der klimazerstörende – Himmel?!

In vielen Sprachen ist der Name unseres Planeten identisch mit dem Material das ihn bedeckt: Erde, earth, terre, tierra... Eine antike Wertschätzung? Die Erde, die uns ernährt. Meistens. Aber sie schwindet zunehmend. Und mit ihr die Erträge.

Der Pestizidindustrie entlarvte nun den Verursacher dieser massiven Erosionsschäden, einen bisher völlig unbeachteten Bösewicht: Den Himmel, bzw. den Sauer-Stoff, schon sein Name entlarvt den Schurken: Er verbrennt die Erde zu CO_2.

Am Klimadesaster schuld ist also der Himmel selber, er verschlingt dermassen viel Erde, dass er sich dabei selber verdreckt, Himmel und Erde zerstören sich gegenseitig – wie schrecklich! Und noch weit alarmierender: Mit der Erde verduften auch die Erträge. Der Verantwortliche an den Hungersnöten ist ergo ebenfalls der böse Himmel.

Eine reichlich verworrene Verschwörungstheorie? Leider das weitgehend unbeachtete öko-Engagement unserer Agrarpolitik: Ein Grossteil der öko-Fördergelder fliesst in die Bekämpfung des angeblichen Boden- und Klimazerstörer... Sauerstoff.

Aber wie nur kann der Sauerstoff, unsere vitalste Lebensressource Bodenerosion und Hunger verursachen?

Die schwindende Erde
„Die industrielle Landwirtschaft räumt fruchtbaren Boden aus wie eine Kohlemine". (H. Herren, Welt-Agrarrat).
Eine Milliarde Hektaren Agrarland sind bereits durch die Erosion schwer geschädigt, von weltweit 5 Milliarden Hektaren Agrarland. Die Erosion wandelt jährlich rund 1 Milliarde Tonnen Humus-Kohlenstoff in CO_2 um, eine gleich grosse Klimabelastung wie durch den Verkehr. [7]
Die FAO warnt vor massiven Ertragseinbrüchen der industriellen Landwirtschaft, v.a. in den Tropen. [8].
Das Erosionsproblem ist jedoch primär ein amerikanisches, die Schäden eines durch und durch naturfeindlichen, industriellen Raubbaus, der sich in Europa bisher noch nicht im selben Ausmass etablieren konnte: Im Maisanbaugebiet der USA tragen die *dust bowls,* Sandstürme, die fruchtbare Erde weg. Und mit ihnen die Erträge. Die Äcker des *corn belts* verloren in einigen Jahrzehnten über einen Drittel ihres Humus, die Humusverluste konnten gar 50% erreichen. [9]
Mit einem verheerenden Resultat:
Die nordamerikanischen Weizenerträge erreichen kaum die Hälfte der europäischen, ein bestens gehütetes Tabu der Agrarpolitik. *[10-11]*
Wobei die USA das Mehrfache der Kunstdüngermengen der EU einsetzt, Kunstdünger verbrennt Humus zu CO2, ein weiteres Tabu der Agrarpolitik. (Siehe Kap. Bodenfresser Kunstdünger)
Dem nordamerikanischen Vorbild folgen nun die aufstrebenden Wirtschaftsnationen: In China müssen die Computerchips-Fabriken während der Sturmsaison hermetisch abgedichtet werden, die Belegschaft muss in die Sandferien, wenn Chinas fruchtbare Lössebenen von den Sturmwinden abgetragen werden. Kanada beklagt sogar das Phänomen des schwarzen Schnees.

Toxic Overdrive-Eskalation
Die Agrarchemie ist die Kunst, ein hochintelligentes System auf ein intellektuell tiefst mögliches Niveau zu reduzieren. Ihre Definition, das

Vergiften der Erde sei ein Ressourcenschutz, entlarvt ihre Affinitäten und Ziele.

In den USA praktizieren viele Farmer den *chemical fallow*, die chemische Schwarzbrache: Die Erde bleibt nach dem Pflügen dank den Herbizideinsätzen, meist Glyphosat, bis zu zwei Jahre ohne Erosionsschutz durch eine Vegetationsbedeckung. Das wirkt sich v.a. in windigen Trockengebieten wie der Prärie verheerend aus, die nackte Erde wird von den berüchtigten *dust bowls* abgetragen.

Beim speziell erosionsanfälligen Sojaanbau betragen die Bodenverluste oft das Vielfache der Erträge. 20 bis 40 Tonnen Erde pro Hektar können durch einen einzigen Starkregen abgeschwemmt werden, bei wirklich extremen Wetterereignissen gehen in der amerikanischen Intensivlandwirtschaft bis zu mehreren hundert Tonnen Erde auf einer einzigen Hektare verloren. Erodierte Böden haben bis zu fünfmal weniger Nährstoffe in der obersten Bodenschicht.

Die europäischen Agrarministerien wollen diese Ressourcenzerstörung der US-Agrarindustrie nun via „Ressourcenschutz"-Subventionen in Europa etablieren. Die Erosion konzentriert sich im meist kleinstrukturierten Europa jedoch auf Erdabrisse bei Hochertrags- Futtermittelproduktionen am Hang. Diese äusserst seltenen und sehr begrenzten Schäden wurden von den Agrarministerien zu einem ökologischen Problem aufgebauscht.

Denn der Anbau von Grundnahrungsmitteln beschränkt sich vernünftigerweise auf flaches Gelände. Dennoch fliessen die Fördergelder für die Glyphosat-Direktsaat primär in die Ackerkulturen, obwohl die in Europa nicht erosionsgefährdet sind.

Die Agrarpolitik „bekämpft" die horrenden Erosionsschäden der US-amerikanischen Glyphosat-Brachen durch eine Globalisierung der Direktsaat mit ihren noch weit höheren Glyphosat-Mengen.

Zu Tode fräsen

Laut dem öko-Verständnis der Agrarministerien müsse die Unkrautvernichtung per Pflug durch Gift ersetzt werden. Denn Pflüge seien schuld an den Bodenverlusten, weil der Luftkontakt die Erde verbrennt.

Bodenschädigende Pflüge? Die Bauern pflügen seit Jahrhunderten, die Pflüge sind durchaus mitschuldig an den Bevölkerungsexplosionen, aber wie konnten sie zu Klima- und Bodenzerstörern degradiert werden?

Die agrarindustrielle Befehlsgewalt nutzt geschickt die Synergien ihrer Sünden, sie ist mit dieser Methode der Humuszerstörung bestens vertraut: Sie empfiehlt das Hacken der Böden als Düngungsmethode bei den „Hackfrüchten" mit hohem Nährstoffbedarf, wie Mais, Zuckerrüben und Kartoffeln. Denn durch den Kontakt mit dem Sauerstoff löst sich der Humus auf und gibt seine Nährstoffe an die Kulturen ab, Hackfrüchte gelten darum in der klassischen Landwirtschaftslehre als Humuszehrer.

Die Agronomen zerstören Humus nicht nur, um seine Nährstoffe als Düngemittel zu nutzen. Sie verordnen auch eine Überbearbeitung der Ackerböden, denn nur „ein möglichst feinkrümeliges Saatbeet garantiere den gleichmässigen Saataufgang und optimale Ernten". Die Bodenstrukturen müssten zuerst minutiös „zu Tode gefräst" werden, danach müssen die Maschinen nur noch für die Belüftung der Erde sorgen. Auch wenn von den Grössenverhältnissen her Maschinen für das Anlegen dieser filigranen Versorgungsnetze so geeignet sind, wie Baukräne für das Spielen von Flamencogitarren.

Die noch gängige Feinvermahlung der Böden mit Eggen oder Fräsen führt zu verschlämmten Böden mit geringer Stabilität und Wasseraufnahmefähigkeit. Wird der strukturfreie Boden einer Palette an Agrarchemikalien ausgesetzt und starken Regengüssen, verpampt er zu einer undurchdringlichen Masse. Bei Platzregen schiessen die Wassermassen über die fast hermetisch versiegelten Äcker, nur ein minimaler Teil kann eindringen.

Der maschinelle und chemische Overdrive beschert dem Land Überschwemmungen. Und den Bauern Dürreprobleme, ideale Vorbedingungen für künstliche Bewässerungsanlagen.

Neuerdings wird eine zurückhaltende Bodenbearbeitung empfohlen, aber ohne die staatlichen Werbeveranstaltungen und finanziellen Anreize der „bodenschützenden" Glyphosat-Direktsaat.

Schuld am Humusabbau ist neu und offiziell nur noch der seit Jahrhunderten benutzte Pflug, und nicht die bereits offiziell gerügte Dauerpürierung der Ackerböden durch maschinelle Hacken, Eggen und Fräsen. Und schon gar nicht der Humusfresser Kunstdünger und die jedes Leben abtötenden Pestizide.

Der cleverste Bodenschutz wäre der Verzicht auf jene Herbizideinsätze, die landwirtschaftlich keinen Sinn machen; und auf das seltsame Dogma der Agronomen, dass Wildpflanzen in den Äckern jederzeit eliminiert werden müssen.

Denn sind die Ackerpflanzen erst mal gut etabliert, stellen die weit kleineren Wildpflanzen und -Gräser keine reale Konkurrenz mehr dar. Mit Ausnahme der Problemunkräuter, die durch Fehlervermeidung verhindert werden müssen.

Wenn die Erde schreien könnte
Die Natur bedeckt die Erde immer, unter der Vegetation schwindet sie nie, Wasser und Wind können sie nur abtragen, wenn sie nicht geschützt ist. Die Bauern investieren viel Arbeit und Geld für Herbizideinsätze, damit die Erde möglichst lange nackt und schutzlos den Elementen ausgeliefert wird.

Nicht nur die Erde schwindet, sondern auch ihre gigantischen, unterirdischen Metropolen, ihre Transportwege und ihre Speicheranlage, sowie deren Erbauer: Die Pflanzen, Pilze, Tiere und Mikroorganismen – und ihre Fruchtbarkeit. An der Schädigung der Ertragsfähigkeit sind primär die naturfeindlichen Anordnungen der Agronomen schuld: Herbizide töten nicht nur die Pflanzen, ohne Nahrung verhungern die Bodenlebewesen. Die chronischen Hungersnöte in der wichtigsten Jahreszeit, im Frühjahr, blockieren die Sanierungsarbeiten an den Bodenstrukturen, den Speicheranlagen und Transportwege für Luft, Wasser und Nährstoffe: Die Böden verbacken, die Erträge versacken.

Mit dem Verschwinden der Lebewesen und der Fruchtbarkeit in der industriellen Landwirtschaft verschwindet auch das Fachwissen über die Funktionsweisen der Böden: Mit dem bäuerlichen Fachbegriff Gare geht die wichtigste Ernährungsgrundlage der Pflanzen verloren: Der Duft der guten Erde, die gigantischen Supermoleküle der Humus- oder

Fulvosäuren. Sie bestehen primär aus Kohlenstoff, aber auch aus diversen Nährstoffen, die in dieser Form äusserst pflanzenverfügbar sind.

Die modernen Agronomen verbannen sogar das Wort Humus, den zentralen Grundbegriff der Bodenkunde, aus dem Vokabular der Landwirte. Erde ist für sie eine amorphe Masse, sie reduzieren den Humus auf die Prozentzahlen einiger Nährstoffe. Aber auch wir bestehen nur aus einigen Dutzend chemischen Elementen. Kein echter Wissenschaftler würde es wagen, uns auf unsere Prozentanteile von N, P, K und C zu reduzieren, denn die sind die gleichen, ob wir leben oder nicht. Unter der Federführung der Agrarindustrie mutiert jedes Leben zu einer leblosen Chemikalie. Deren Leistungsfähigkeit ausgerechnet mit Giftstoffen verbessert werden müsse.

Die Nährstoffspeicher der Erde sind die Ton-Humuskomplexe, ihre Leistung wurde bis vor kurzem noch als Kationenaustauschkapazität gemessen. Diese technisch hochelaborierten, wissenschaftlichen Messinstrumente verschwanden aus den Agrarpublikationen, denn ohne die Erfassung der Schädigung der Böden durch die Agrarchemikalien – keine Schädigung.

Mulch statt Pflug
Die Erde schützt sich stets mit einer Vegetationsschicht, eine störende Konkurrenz für den Nahrungsanbau. Ein Wildpflanzen-freier Acker kann mit unterschiedlichen Lösungsansätzen erreicht werden.

Die Agrarministerien behaupten, dass Pflüge schädlich seien und darum durch Pestizide ersetzt werden müssten? Landwirtschaft ist komplex, leider werden die ausgeklügelten, hochwirksamen Methoden der Bauern vermehrt durch die simplistischen Pestizidlösungen einer Klientelpolitik verdrängt.

Denn warum sollen Äcker überhaupt gepflügt werden?

Seit Jahrtausenden betreiben die Bauern die Wiese-und-Pflug-Methode: Die Wiesen sind eine unverzichtbare und optimale Methode der Bodensanierung, um danach ein leeres Saatbeet für die Aussaat der Ackerpflanzen zu ermöglichen, vergraben Wendepflüge die dichte Grasnarbe beim sogenannten Wiesenumbruch.

Nach einer Ackerkultur ist die Erde jedoch fast vegetationsfrei, im Schatten der grosswüchsigen Kulturpflanzen gehen fast alle Wildpflanzen ein. Nach einer Ackerkultur ist der Pflug oft unsinnig, ein oberflächliches, maschinelles Schälen oder Grubbern genügt meist.

Vor der Erfindung der Traktoren wurde der Pflug nur bei Bedarf eingesetzt, der Acker wurde nicht routinemässig nach jeder Kultur gepflügt und gefräst.

Der japanische Pionier Fukuoka entwickelte eine innovative Mulch statt Pflug-Rotation, unkrautfrei, ohne Pflug und ohne Herbizide: Er säte wie einst der Sämann von Hand in die fast erntereife Vorkultur, danach erst erntete er, die Schösslinge wuchsen durch den Mulch durch. Diese ausgeklügelte bio-Methode der dauernden Bodenbedeckung durch Getreide und der Eliminierung der Wildpflanzen durch das Überschwemmen der Reisfelder funktioniert in den gemässigten Zonen nicht.

Wohl aber eine Variante der „Mulchsaat": Bei der „Stoppelsaat" des „Folgeweizens" wird der neue Weizen in das liegengelassene Weizenstroh eingedrillt. Die Ernteresten werden liegengelassen und die sogenannten Drillmaschinen bringen das Saatgut durch den Mulch hindurch in die Erde ein.

Diese zweite Weizenernte fällt meist etwas geringer aus als im ersten Jahr, aber dafür sind Arbeitsaufwand und Kosten auch rekordmässig tief. Danach muss eine andere Ackerfrucht angebaut werden.

Eine innovativere Methode der Mulchsaat braucht nicht einmal eine Drillmaschine: Heutzutage können pneumatische Sämaschinen oder Diskus-Säer an den Vollerntern die Folgekultur kurz vor der Ernte der Vorfrucht in den Acker einsäen, so dass das Saatgut von deren Mulch bedeckt wird. Sie können den Fruchtwechsel in einem einzigen Durchgang erledigen, gleichzeitig säen und ernten, eine Unkraut- oder Schädlingsbekämpfung erübrigt sich.

Und die Düngung? Z.B. eine kluge Leguminosen-Fruchtfolge. Alle paar Jahre ist jedoch eine ein- bis zweijährige Unkrautkur in Form einer Wiese notwendig.

Noch simpler wären Mähdrescher mit einer Fall-Saat-Vorrichtung an der Unterseite: Vorne ernten, oben dreschen, unten säen, hinten mulchen.

Warum werden diese ökologisch und erst recht ökonomisch optimalen Konzepte nicht angewendet?

Weil die Agrarministerien sie mit all ihnen zur Verfügung stehenden Mitteln sabotieren:

Die pfluglose, ökonomisch und ökologisch unschlagbare Folgeweizen-Mulchsaat wurde in den meisten Industrieländern verboten.

Die pfluglosen Gift-Varianten der Direktsaat und der RR-Gentech werden mittels Öko-Fördergeldern forciert.

Die Beelzebub-Strategie

Der kritisierten Pestizidindustrie gelang es, das öko-Engagement gegen ihre Toxine für eine öko-Finanzierung von noch mehr Giftstoffen zu instrumentalisieren. Ihre Lobbyisten konnten den unsinnigen mechanischen Overdrive durch einen noch weit unsinnigeren toxischen Overdrive ersetzen, und dies als „Ressourcenschutz" verkaufen. Sie projizierten einen Teufel an die Wand, um den dann mit Beelzebub auszutreiben, sie ersetzten den angeblich „bodenschädigenden Pflug" durch eine massive Erhöhung der Krebsgefahr.

Fukuokas Prinzip der pfluglosen Mulch-Landwirtschaft wurde in den 80er-Jahren weltberühmt, die Mulchsaat bedrohte die Umsätze der Pestizid-Industrien, denn ihr reduzierter Unkrautdruck senkt nicht nur den Herbizidbedarf: Herbizide schädigen auch die Kulturpflanzen, und machen sie gegen andere Schädlinge anfällig, das kurbelt den Verkauf der Insektizide und Fungizide an. Glyphosat schädigt zudem die Stickstofffixierung bei Soja, die Leguminose braucht plötzlich Kunstdünger, zudem fördert es den Befall mit Krankheitserregern. [12]

Die Glyphosat-Direktsaat ist eine Mulchsaat mit einem Maximum an Pestiziden, die der Acker gerade noch für ein paar Jahre überlebt: Denn einfachheitshalber machen die beratenden Agronomen keinen Unterschied zwischen einer dicht bewachsenen, mehrjährigen Wiese und einem abgeernteten, leeren Acker. Herbizide wurden bisher primär zum Abtöten von Unkraut-Keimlingen eingesetzt, da genügt schon wenig Gift. Die Direktsaat-Agronomen ordnen auf den abgeernteten, vegetationsfreien Äckern meist die stets gleichen Höchstmengen an Herbizi-

den an wie auf einer Wiese. Denn um die oft sehr starken Wiesenpflanzen und Gräser wie den Löwenzahn mit seiner Pfahlwurzel abzutöten, braucht es enorme Giftmengen. Die staatlichen öko-Fördergelder forcieren so eine Anreicherung von Nahrungsmitteln, Trinkwasser und Konsumenten mit Maximalmengen eines krebsverdächtigen Pestizids.
Die öko-Definition unserer lobbyierten Agrarministerien: Grips durch Gewalt und Gift ersetzen.
Sie wandelten das trendige „Mulch statt Pflug" in das lukrative Surrogat „Krebs statt Pflug" um.
Möglicherweise ist die zunehmende Gluten-/Weizen Unverträglichkeit ein durchaus berechtigter Schutzmechanismus des Körpers gegen die extrem hohen Pestizidgehalte des aktuellen Weizenanbaus?

Betonfräser

Die „bodenschonende" Glyphosat-Direktsaat verwandelt die Erdböden innerhalb von 10 Jahren in eine steinharte Schicht. Es wurden neue, superstarke Tiefpflüger entwickelt, die laut Werbung sogar „betonharte" Böden aufmeisseln können. Es wurden natürlich nie Kohlenstoff-Messungen finanziert nach dem Durchgang dieser Tiefpflüger.
Interessanterweise verlangten die Agronomen bisher stets, dass Ernteresten und Gründünger unterpflügt werden müssen, denn die Bodenbedeckung störe angeblich den Saataufgang. Ausser bei der Glyphosat-Direktsaat, da störe der liegengelassene Mulch plötzlich nicht mehr.
Die Glyphosat-resistente „grüne" Gentech ist agronomisch fast identisch mit der Glyphosat-Direktsaat. Auch wenn bei der die Resistenzen der Unkräuter schon so massiv sind, dass oft andere Herbizide eingesetzt werden müssen.

Die Hundert- und die Tausendfachen Grenzwert-Erhöhungen

Mit der Subventionierung der Direktsaat wurden die Grenzwerte für die Glyphosat-Rückstände im Weizen und Roggen der EU um das Hundertfache erhöht, die für Hafer, Gerste und Soja um das Zweihundertfache gegenüber den Werten vor dem Jahre 2000. [13-14] Ohne jegliche Berücksichtigung toxikologischer und wissenschaftlicher Argumente, die Begründung limitiert sich auf „eine überfällige Anpassung an die Praxis".

Die Glyphosat-Grenzwerte im Wasser sollten um das bis zu Mehrtausendfache erhöht werden, das sollte wohl bald auch das Trinkwasser betreffen. Aufgrund der massiven Proteste konnte dies bisher noch geblockt werden.

Die Agrarministerien missbrauchen das trendige öko für die Subventionierung des umstrittenen, meistverkauften und krebsverdächtigen Glyphosat und für eine Hundertfache Erhöhung der Glyphosat-Grenzwerte und Belastungen in Nahrung und Gewässer

Die FAO hatte einst noch behauptete, dass die Herbizid-Mengen dank der Direktsaat vermindert würden. [15] Wird ein Herbizid jedoch zu häufig eingesetzt, entwickeln die Wildpflanzen Resistenzen, die Dosierungen müssen erhöht werden.

Zeitgleich mit der Direktsaat wurde auch die „Sikkation" eingeführt, sie vergiftet die Nahrungspflanzen: Kurz vor der Ernte werden u.a. Weizen- und Kartoffelpflanzen mit Glyphosat vergiftet, sie sterben ab, vertrocknen und sind somit erntereif, die Sikkation oder Vorerntespritzung erlaubt eine wetterunabhängige Planung der Ernten. Die Bauern mussten einst noch das Wetter und die Reifung der Ackerfrüchte berücksichtigen, neu werden die Ackerpflanzen an die Termine des Agrarmanagement angepasst.

Wenn die Landwirtschaft unsere Nahrungspflanzen bereits zu Tode vergiften darf, stellt sich dann doch die Frage, wozu überhaupt noch Grenzwerte für Pestizide gebraucht werden. Denn der Einsatz von noch mehr Pestiziden als für eine tödliche Vergiftung der Kulturpflanzen ist ja nun völlig sinnlos.

Der toxische Overdrive: Krebs statt Pflug

Steigt mit den hundertfachen Grenzwerterhöhungen, bzw. Belastungen dementsprechend auch das Risiko einer Krebserkrankung?

Weizen macht einen zehntel unserer Nahrungsaufnahme aus, rein mathematisch scheint eine Zunahme der Krebserkrankungen und -Tode unvermeidbar. Cancerogene bewirkten oft erst Jahrzehnte später eine Erkrankung.

Bereits erkrankt jeder Zweite an Krebs, jeder Vierte stirbt daran. Nun wird diese Leidens- und Todesrate dank dem „öko"-Förderfluss für ein krebsverdächtiges Toxin auch noch erhöht. Der öko-Greenwash und die gleichzeitige Erhöhung der Glyphosat-Grenzwerte zeigt die Prioritäten unserer Agrarpolitik: Die Gesundheitsgefährdung der Bevölkerung wird gezielt staatlich finanziert und forciert.

Die krebserregenden Stoffe der WHO Kategorie 1a und der krebsverdächtigen 1b (Glyphosat) benötigen eine Zulassung, die nur erteilt wird, wenn u.a. der „sozioökonomische Nutzen die Risiken für Mensch und Umwelt überwiegt und wenn es keine geeigneten Alternativstoffe oder-technologien gibt". [16] Die Hersteller sind bei diesen Hochrisiko-Stoffen den Konsumenten gegenüber sogar auskunftspflichtig, ausser es handelt sich um Pestizide, Lebensmittel, Futtermittel, Kosmetika...

Bei der Glyphosat-Direktsaat existieren jedoch sehr wohl Alternativen, Mulchsaat; Grubber oder Pflug. Ein sozioökonomischer Nutzen hingegen wie bessere Erträge oder Rendite fehlt aber bei der Direktsaat, ihre Publikationen präsentieren quasi nie die Erträge, sehr selten erwähnen sie schwache Ertragsverbesserungen, die jedoch nie signifikant, also wissenschaftlich nachweisbar sind. [1-2]

JedeR Zweite erkrankt an Krebs, das ist der wissenschaftliche Beweis, dass die Grenzwerte und Belastungen der Cancerogene, v.a. der Pestizide bereits jetzt viel zu hoch sind.

Gesundheitsschutz Veterinäramt

Je höher die Giftbelastungen, desto rudimentärer die Kontrollen: Die Rückstandsmessungen von Glyphosat gehören nicht zu den Standarduntersuchungen der Kontrollbehörden. Denn sie seien aus Kostengründen äusserst rar, die Einhaltung der sehr hohen Belastungs-Grenzwerte ist also sehr fraglich.

Der Absatz von Glyphosat wird finanziell dermassen forciert, dass für die Grenzwert-Kontrollen kaum noch Geldmittel zur Verfügung stehen? Es kann vermutet werden, dass die Umlenkung einiger weniger Prozente der Glyphosat-Fördergelder in die Glyphosat-Rückstandsuntersuchungen, insbesondere bei den Fleischwaren, das Ende dieser Giftsubventionierung zur Folge hätte.

Dieser äusserst lockere Umgang mit Giftstoffen ist repräsentativ für das Niveau der staatlichen Lebensmittelkontrollen: Fleisch und tierische Produkte werden von Amtes wegen prinzipiell nie auf Pestizidrückstände untersucht; Masttiere sind am Ende der Nahrungskette einer hohen Pestizidkonzentration ausgesetzt.

Nicht nur sie: Die Lebensmittelsicherheit unterstand einst den Gesundheitsministerien, nun wurde sie in die Ämter für … Veterinärwesen outsorct, der Schutz der Menschen wurde der Aufsicht über das Schlachtvieh anvertraut, ein überdeutliches Bekenntnis der Ministerien zum Stellenwert, den sie ihrer Bevölkerung zumessen.

Wissenschaftler wiesen Hundertfache Grenzwertüberschreitungen im Schweinefleisch eines EU-Züchters nach, den seine vielen schwerstens deformierten Ferkel beunruhigten. Die Rückstände im Futter lagen noch deutlich unter den Grenzwerten für menschliche Nahrungsmittel, dennoch wurde jedes 260 Ferkel schwerstens deformiert geboren. [17] Die Administrationen wiesen alle wissenschaftlichen Evidenzen für den embryotoxischen Effekt von Glyphosat ab, obwohl dieser Effekt bei hohen Mengen auch beim Menschen nachgewiesen wurde. [18] Die Kontrollbehörden sehen keinerlei Veranlassung, sich das Vertrauen der Konsumenten zu verdienen. Stattdessen bemühen sie klug klingende Floskeln: „Rückstandshöchstgehalte in Lebensmittel werden aufgrund der guten Pflanzenschutzpraxis (nur so hohe Konzentrationen wie notwendig, um einen Schädling/Unkraut zu bekämpfen) häufig tiefer festgelegt, als dies aus gesundheitlicher Sicht nötig wäre". Nur das die moderne staatlich geförderte „gute" Pflanzen- „schutz"-praxis sogar den reifen Weizen unnötigerweise mit Unmengen an Giften tötet, bevor sie ihn erntet und an die Konsumenten verkauft.

Die Glyphosat-Direktsaat optimiert sämtliche landwirtschaftlichen Sünden, um Erkrankungen im Feld zu forcieren, die den Einsatz von Pestiziden legitimeren.

Sterben für eine Handvoll Dollar

Betrugskonstrukte werden zwar clever geplant und höchst geschickt eingefädelt.

Aber sie unterstehen einer Eigendynamik, die zu surrealsten Resultaten führen kann.

Die Glyphosat-Direktsaat sollte ursprünglich das Klima schützen.

Um wieviel verbessert Glyphosat statt Pflug denn die Klimabilanz der Bevölkerung? Seinen Promotoren gelang ihnen, diese Erfolgsbilanz... zu vergessen [5]. In ihren Empfehlungen verzichteten sie auf präzise Formulierungen und Zahlen, sie verklausulierten alle Messdaten mit endlosen Umrechnungsformeln zu kryptisch-mysteriösen Werten. Einzig in den Anhängen werden Experimente zitiert mit maximalen Gewinnen von bis zu 500 kg Humus-Kohlenstoff pro Hektar und Jahr [19]. Metaanalysen rechneten eher mit maximal 200 kg C/ha/J, [20] die FAO ging bereits 2001 von lediglich 100 kg C/ha/J aus. [15]

Wieviel ist das pro Person und Jahr? Beim Grundnahrungsmittel Weizen ist die Rechnung simpel: Die EU produziert über 6 Tonnen Weizen/ha/J, die Bewohner essen ca. 60 Kilo Weizen/J. Eine Hektare produziert den Weizen für ca. Hundert Europäer.

Falls der Maximalwert von 500 kg Kohlenstoff/ha/Jahr korrekt gewesen wäre, hätte die massive Glyphosat-Anreicherung des Weizens jährlich fünf Kilo Kohlenstoff pro Konsument erspart, also rund 5 Liter Benzin.

Und laut den FAO-Werten nicht einmal ein einziger Liter Benzin.

Wir finanzieren eine Anreicherung von all unserem Brot, Pasta und Pizza mit Höchstmengen eines wahrscheinlich krebserregenden Giftes, um ein paar Liter Benzin pro Person und Jahr einzusparen?!

Die wohl lebensgefährlichste und teuerste aller nur möglichen „Umweltschutzmethoden".

Falls diese Art von Klimaschutz überhaupt funktioniert hätte, aber das tut sie ja nicht. Das war bereits im Jahre 2000 bekannt, lange bevor die Glyphosat-Direktsaat in Europa mit gigantischen Förderströmen forciert wurde.

Natürlich realisierte der IPCC, dass der Klimaschutz „Krebs statt Pflug" völlig unsinnig ist. Zudem beträgt die Treibhausgas-Belastung der gesteigerten Lachgasproduktion der Direktsaat das Mehrfache der anfänglich noch proklamierten Kohlenstoffeinsparung. [21]

Die CCX, die *Chicago Climate Exchange*, die Emissionshandelsbörse von Chicago rechnete der Glyphosat-Direktsaat 100-350 kg Kohlenstoff pro Jahr an, und zahlte den Bauern für die Giftanreicherung ganze 3-5 Dollar pro Hektare Direktsaat. (Danach ging sie pleite) [22]

Für eine Handvoll Dollars Klimaentlastungsleistung sollen wir die Anreicherung all unserer Nahrung mit Hundert mal erhöhten Mengen an Cancerogenen akzeptieren. Und gar Mehrtausendfache im Trinkwasser.

Ein bisschen kleinere Autos wären eine weit effizientere und v.a. gesündere Klimaschutzmethode.

Um den puren Wahnsinn einer derart tödlichen Businessstrategie zu kaschieren, downsizten die (Land-) Wirtschaftsministerien ihren einst hochgejubelten Direktsaat-Klima- und Bodenschutz in die leere Worthülle „Ressourcenschutz".

Das grüne Fenster: „Torture your data till it confess"

Aber wie nur gelang es der Agrarforschung, ein hochumstrittenes, krebsverdächtiges Pestizid zum Umweltschützer zu küren?

Die hohe Kunst des Datenoptimierungsdesign: Das berüchtigte „torture your data till it confess"-Konzept sucht in einem Meer von Misserfolgen nach jener Ausnahme von der Regel, mit der ein Erfolg vorgegaukelt werden kann. Und diese eine spezifische Konstellation wird dann zum „Grünen-Fenster-Standard" erkoren: Alle industriell unterstützten Agrarforschungsinstitute konzentrieren sich auf diese Versuchsanordnung, die dann zigmal gemessen wird. [23]

Bei kurzfristigen und oberflächigen Messungen in den obersten 20 Zentimetern nahm der Kohlenstoff bei einer einzigen Kultur, dem Mais, manchmal tatsächlich zu. Allerdings v.a. in trockenen Klimazonen, wie der FAO bereits im Jahre 2000 feststellte. [8] Denn je verdichteter der Boden, desto höher sind die Prozentanteile, auch die des Kohlenstoffs. [24-25] Mit diesem doch etwas billigen Trick konnten Agrarforschung, -Industrien und -Ministerien eine Zunahme des Kohlenstoffs in den Böden suggerieren.

Und eine angebliche Verbesserung der Bodenqualität. Die Biotech/Gentech investierte für ihre Direktsaat-Experimente zig Millionen-Finanzspritzen in die staatlichen Forschungsanstalten. Die Direktsaat-Experten disqualifizierten in der Metaanalyse der *carbon sequestration* alle Experimente, die tiefgründiger massen, wegen einer angeblich fehlenden Vergleichbarkeit, ein strikter Verstoss gegen die wissenschaftliche Sorgfaltspflicht, „unpassende" Daten dürfen nicht einfach eliminiert werden. [23]

Die Glyphosat-Direktsaat beabsichtige in Wirklichkeit nie, das Klima zu entlasten, indem sie CO_2 in die Erde einbindet, sondern nur, dank dieser Methode weniger Erde zu CO2 zu verbrennen: Mit den Rekordmengen an krebsverdächtigen Glyphosat sollten die rekordmässigen Bodenverluste der landbaulich unsinnig hohen Mengen an Kunstdünger und -Glyphosat reduziert werden.

Was natürlich nicht funktionierte. Die wissenschaftlichen Messungen konnten letztlich keine Verbesserung der Böden und der Kohlenstoffbilanzen dank der Direktsaat nachweisen. Denn natürlich ist die Behauptung, dass Gifte unsere Ressourcen schützen, ein nicht nur offensichtlicher, sondern auch ein wissenschaftlicher Humbug: Gifte verbessern die Leistung von Lebewesen nicht.

Das Greenwash-Design

Weil sich die Statistikcomputer-Programme trotz aller unzulässigen Tricks weigerten, ein Pestizid als öko-Methode zu attestieren, verlegte sich die von den industriellen Sponsoren unterstützte (staatliche) Agrarforschung auf die Beschwörung von öko-Banalitäten. In eklatantem Widerspruch mit den Aussagen der eigenen Messungen konnten sie so einen angeblichen Nutzen für die maximalen Giftdosierungen herbeifabulieren. Natürlich ist das Suggerieren von nachweislich inexistenten Erfolgen auch in der Wissenschaft strengstens verboten.

Aber wirksam. Die Wirtschaftsministerien beschwören eine angebliche Verminderung der Bodenerosion, die in Europa eine Tonne Erde pro Jahr und Hektare beträgt. [26]

Das tönt zwar nach viel, ist es aber nicht: Die Erdschicht reicht meist mehr als drei Meter tief, Ackerböden haben im Schnitt um die 30'000 Tonnen Erde pro Hektare, ein Verlust von einer Tonne Erde pro Jahr bedeutet also nur 0,003%.

In 1000 Jahren erreichen die Erosionsverluste in Europa also gerade mal 3%. Und die legitimierten öko-Subventionen für Rekordmengen an krebsverursachen Giftstoffen?!

Im Agrarsektor existiert bisher keine funktionierende wissenschaftliche Kontrolle, im medizinischen Bereich werden Fälschungen immerhin sporadisch angeprangert. Insbesondere die industriell mitfinanzierte (staatliche) Agrarforschung verstösst zunehmend gegen sämtliche wissenschaftlichen Gesetze.

Betonfräser

Die „bodenschonende" Glyphosat-Direktsaat verwandelt die Erdböden innerhalb von 10 Jahren in eine steinharte Schicht. Es wurden neue, superstarke Tiefpflüger entwickelt, die laut Werbung sogar „betonharte" Böden aufmeisseln können. Es wurden natürlich nie Kohlenstoff-Messungen finanziert nach dem Durchgang dieser Tiefpflüger.

Interessanterweise verlangten die Agronomen bisher stets, dass Ernteresten und Gründünger unterpflügt werden müssen, denn die Bodenbedeckung störe angeblich den Saataufgang. Ausser bei der Glyphosat-Direktsaat, da störe der liegengelassene Mulch plötzlich nicht mehr.

Die Glyphosat-resistente „grüne" Gentech ist agronomisch fast identisch mit der Glyphosat-Direktsaat. Auch wenn bei der die Resistenzen der Unkräuter schon so massiv sind, dass oft andere Herbizide eingesetzt werden müssen.

Die echten Klimaretter

Die Glyphosat-Klimaschutzpolitik bewirkte jedoch auch einen höchst interessanten Nebeneffekt: Eine gigantische Datensammlung mit den Einflüssen der unterschiedlichsten Anbaumethoden (Dünger, Mulch, Fruchtfolgen, Wiesen, chemische Brachen, etc.) auf den Bodenkohlenstoffgehalt. [23]

Die Messdaten zeigen alle dasselbe, interessante Muster auf:

Je naturgemässer der Eingriff, desto massiver die Verbesserung der Bodenwerte.

Je naturwidriger der Eingriff, desto schlechter die Werte.

Banal? Unsere Probleme im Klima- und Landwirtschaftssektor basieren fast alle auf dem übermächtigen industriellen Märchen, dass naturkompatibel kontraproduktiv sei. Und dass einzig industrielle Gifte und Geschäfte unsere Nahrungsgrundlage schützen.

Herbizide für den Schutz von Boden und Klima? Schon 2001 publizierte die FAO, dass lediglich Stall- und Gründünger eine Humusbildung bewirken, Kunstdünger jedoch eine massive Humusabnahme. [15] Den FAO-Berichten gelang es, jede Erwähnung einer bio-Landwirtschaft zu „vergessen", [27] gleichzeitig aber Forschungsergebnisse für herbizidfreie Direktsaat-Techniken zu erwähnen. [28]

Folgerichtig erwähnt auch der IPCC die bio-Landwirtschaft ab 2002 nie mehr. Obwohl der Chef des IPCC-Landwirtschaftsberichtes 2007, Pete Smith, 2005 folgendes Zitat publizierte: „Der einzige Trend in der Landwirtschaft, der zurzeit eine Kohlenstoffanreicherung im Ackerland ermöglichen könnte, ist die bio-Landwirtschaft, aber die Höhe dieser Einbindung ist sehr ungewiss."[29]

Die UNO-Abteilungen IPCC und FAO „vergessen" in ihren Publikationen nicht nur konsequent, die Existenz einer bio-Landwirtschaft zu erwähnen, sondern v.a. auch deren ressourcenschützende Leistungen. Ebenso jene der Natur.

Einige Jahre später konnten wissenschaftliche Messdaten beweisen, dass die bio-Landwirtschaft genau diese CO_2-Einbindungsleistung erbringen kann, für die Glyphosat gigantische Fördergelder erhält, obwohl es da nachweislich nicht funktioniert. [30] Die tiefere Verwurzelung und intensive Bioturbation ermöglichen eine starke Kohlenstoffanreicherung bis in ein Meter Tiefe.

Und natürlich wurde der eigentliche Winner der Humusbildung niemals vom Klimaschutz erwähnt: Wilde Präriegräser bauen pro Jahr und Hektare über 10 Tonnen Kohlenstoff in den Humus ein. (31)

Die Natur produziert locker das Zwanzigfache der angeblichen Leistung der Glyphosat-Direktsaat. Noch. Denn auch diese Gratisleistung will die rein industriell ausgerichtete Klimapolitik sabotieren. (Buch Klima)

Die Synergien der Teufelskreise

Um eine Klimaentlastung von einigen wenigen Liter Benzin pro Person und Jahr zu ermöglichen, wurden die Belastungen von Nahrung und Konsumenten mit dem krebsverdächtigen Glyphosat verhundertfacht.

Die Irreführung war nicht etwa ein Versehen: Die Agrarministerien wussten bereits vor der Lancierung dieser „öko-Strategie", dass sie nachweislich nicht funktioniert, maximale Giftmengen sind kein Schutz der Umwelt oder der Ressourcen. [2]

Weltweit erhielt die Glyphosat-Direktsaat öko-Fördergelder in Milliardenhöhe für eine illegale Absatzförderung ihres krebsverdächtigen Pestizids. Dies erfüllt den Strafbestand einer Vortäuschung falscher Tatsachen für ein arglistiges Erschleichen unrechtmässiger Fördergelder, um eine lukrative, Massengefährdung und -tötung der Bevölkerung zu ermöglichen: Ein Offizialdelikt, das als solches von Staates wegen verfolgt werden müsste.

Die öko-Glyphosat-Fördergelder ermöglichen eine multifunktionelle Absatzförderung für alle Sparten der Pestizid-/Gentechindustrie:

- für das wahrscheinlich krebserregende Glyphosat
- für die Krebsmedikamente der Pharmaabteilungen der Biotech
- für die RR-Gentech, die Roundup-Ready-Glyphosat-resistenten Genpflanzen

Klimadestabilisierung, Hunger und Zivilisationserkrankungen – all unserer schlimmsten Probleme werden durch die Green/Whitewash-Strategien einer wettbewerbsverzerrenden Förderung von industriellen Interessen eingefädelt und erhalten.

Fazit: Glyphosat – die Spitze des Eisbergs

Sind die Glyphosat-Fördergelder ein Einzelfall? Oder der Präzedenzfall der zukünftigen Agrarpolitik?

Die Agrarwende versprach ungiftige, nachhaltige Problemlösungen statt gesundheitsschädigender Pestizide.

Die öko-Fördergelder hätten den globalen Umstieg auf eine umwelt- und klimakompatible Landwirtschaft finanzieren können.

Aber eine echte öko/bio-Agrarwende hätte das Ende der Giftchemie/Gentech bedeutet.

Darum instrumentalisierten die Regulierungsbehörden die idealistischen Trends, Forderungen und Gesetze für einen lukrativen Pestizid-Greenwash.

Die Glyphosat-Direktsaat-Fördergelder bereiten das Feld für die Etablierung der Glyphosat-resistente RR-Gentech in Europa: Maschinenpark und Anbaumethode sind etabliert, die EU bewilligte die Gentech bereits. Es fehlt nur noch das letzte Detail, um die Gentech-Investmentblase zu retten: Die Akzeptanz von Gentechprodukten.

Die „Gift statt Pflug"-Strategie ist der Prototyp des agrarindustriellen Rollbacks, die Spitze des Eisbergs, sie baut nahtlos auf den bisherigen, pseudowissenschaftlich verbrämten Erfolgen der Klientelpolitik auf. In der Warteschlange sind noch weit giftigere Toxine, denn die Resistenz der Unkräuter gegen das Glyphosat nimmt zu. Die USA bewilligte eine neue Generation an „grünen" Gentechpflanzen, die auch gegen das Herbizid 2,4 D resistent sind, besser bekannt unter dem Markennamen Agent orange. Ein wohl noch embryotoxischeres Gift, das ebenfalls unter Krebsverdacht steht.

Die Glyphosat-Direktsaat ist der Trojaner, um den renitenten Europäern die (RR-)Gentech unterzujubeln.

„Der Schlaf der Vernunft bringt Ungeheuer hervor" Francisco Goya

Die letzte Meile: Die feindliche Übernahme der Hoffnung

Die bio-Diffamationskampagne

Die „öko-Strategie" Gift statt Pflug der Agrarministerien ist surreal?
Ihre Schäden ermöglichen sogar noch eine Optimierung: Eine Dämoni-
sierung des… Giftverzichtes.
Das zweite Kapitel des reality thriller einer leider fast völlig ignorierten
Interessenpolitik.

„Krebsgefahr bio"

Die Agrarministerien engagieren sich neu nicht nur für den Schutz von
Erde und Klima, u.a. mit Glyphosat. Sondern auch für den Schutz der
Bevölkerung.
Aber nicht etwa vor den von ihnen bewilligten, gesundheitsgefährden-
den Pestiziden. Sondern vor jener innovativen Todesgefahr, die aus ei-
ner neuen Richtung droht: Der tödliche Seuchenherd bio!
Pestizide werden ohne real existierende wissenschaftliche Beweise als
Retter der Menschheit bejubelt.
Ebenfalls ohne real existierende, wissenschaftliche Beweise bauen die
Regulierungsbehörden nun bio äusserst diskret zur Todesgefahr für die
Bevölkerung auf: Nach dem Fällen der Hochstamm-Bäume und den
Impfzwängen, müsse nun sogar die „Krebsgefahr bio" mit giftigen Pestiziden gebannt werden.
Aber wie soll denn bio Krebs auslösen? Das Horrorszenario der Agrarforschung: Schuld am verschimmelten konventionellen Weizen sei
seine Ansteckung durch das funglzidfreie bio. Wenn die Bevölkerung
deshalb jahrelang verschimmeltes Brot esse, könne dies Krebs auslösen. Natürlich unter der implizierten Voraussetzung, dass die Lebensmittelkontrollen Unmengen an verschimmeltem Mehl zum Verkauf
freigeben.
Diese Strategie ist dermassen absurd, dass sie lediglich hinter den Kulissen gepusht wurde, um den strategisch allzu unbedarften bio-Füh-
rungsspitzen eine Kollaboration mit der Pestizidindustrie aufzuzwingen.

Das Design der „Killerpilze"

Bei ihrem Bedrohungsszenario „Krebsgefahr bio" verheimlichen die Behörden ein kleines, aber wichtiges Detail: Weizen ist nicht schimmelanfällig.

Normalerweise.

Und bio-Getreide schimmelt kaum je. [32-35]

Die Giftbelastungen durch die Mycotoxine der Schimmelpilze sind im Weizen so gering, dass sie weit unter den Grenzwerten für die menschliche Ernährung liegen.

Ausser bei einem einzigen Weizen: Der Weizen der „öko"-Glyphosat-Direktsaat schimmelt derart massiv, dass er die Grenzwerte regelmässig überschreitet. Denn die Direktsaat sät schimmelanfällige Weizensorten in ihren mit Glyphosat-Höchstmengen belasteten Maismulch ein. [36-37]

Der massivste Fusarienbefall des Direktsaat-Weizens wurde bereits im Jahre 2000 publiziert, ebenso die mangelnde Wirksamkeit der Fungizide. [36] Jahre später erhielt diese schimmelanfälligste aller Anbaumethoden „Ressourcenschutz"-Fördergelder. Die Agrarministerien finanzieren gezielt eine Schimmelzucht, um dank diesem einzigen Sonderfall den Giftverzicht von bio zu einer Krebsgefahr für die gesamte Gesellschaft hochzustilisieren, und bio so die suspekten Toxine der Pestizidkonzerne aufzwingen zu können. Eine teuflische Strategie.

Die mit einem einzigen, entlarvenden Fehlzitat der staatlichen Agrarforschung legitimiert wurde: „In Jahren mit epidemieartigem Auftreten können Ertragsverluste von 20 bis 30 % auftreten". [39] Dieses Zitat aus einer älteren Publikation hat jedoch einem äusserst seltsamen Titel, der in besagter Alarmismus-Publikation nicht zitiert wurde: „Gegen Ährenfusariosen helfen nur resistente Sorten". Besagte Expertise konnte die Einzucht einer resistenten Sorte in die damals noch anfälligen Weizensorten veranlassen, die daraufhin mangels Nachfrage mitsamt ihren Schimmelpilzen verschwanden. [40].

Feuchteschaden Weizenkeim statt Schimmelpilz

Die staatlichen Feindbilder bio-Landwirtschaft und Natur sind sogar gegen die vom Himmel selbst forcierten Korrekturen resistent: Den Eklat lieferte der verregnete „Sommer" 2014, er bewirkte eine minimale Mycotoxin-Schimmelgift-Belastung. [41]

Der Nassmodus bei Getreide ist also nicht etwa der gefürchtete Schimmel, sondern der Auswuchs: Weizen und v.a. Roggen keimten massiv aus, auf der Mutterpflanze. Weizenkeime gelten als eigentlicher Jungbrunnen, sie können dem Brotmehl beigefügt werden.

Schimmelgifte können sich nur auf Getreidepflanzen mit äusserst schlechter Resistenz entfalten. Insbesondere die Fungizide zerstören ihre Abwehr.[42]

Schimmelnde Weizenäcker sind fast nie verregnete Äcker, sondern vergiftete.

Einer der Gründe, warum bio-Getreide selten schimmelt. [32-35]

Zudem verschimmelt Getreide nur, wenn es zur Blütezeit allzu feucht war. Die Agrarministerien finanzieren zwar ein teures Wetterbeobachtungs- und Alarmsystem, das beschränkt sich jedoch auf eine dekorative Makulatur, denn die ausgebrachten Fungizidmengen variieren nie, sie bilden die sehr unterschiedliche Wettersituation nicht im Geringsten ab. Fungizide werden präventiv und nach Plan gespritzt und nicht nach Bedarf.

Schimmelpilze seien krebserregend? Der wohl berühmteste Schimmelpilz ist das Penicillin, das in sehr hohen Mengen eingenommen werden muss, ein Lebensretter, der derart leichtfertige Diffamierungen nicht verdient.

Die selffullfilling prophecies

Wozu braucht Getreide überhaupt Fungizide, wenn es ja fast nie schimmelt? Sehr seltene Industriepublikationen beschwören Ertragssteigerungen von 3-5% pro Fungizid-Anwendung bei Weizen. [43]

Allerdings nur, wenn die Agronomen der Realität nachhelfen: In fast all ihren Fungizid-Experimenten wird das Getreide-Saatgut in einer kräftigen Schimmelpilzsauce mariniert, denn nur bei künstlich infiziertem Saatgut kann eine Schutzwirkung nachgewiesen werden. Bei einem normalen, natürlichen Krankheitsdruck wird Getreide nur minim von Schadpilzen befallen, [29-32] eine Wirkung der Fungizide ist nicht nach-

weisbar. ([42]) Fungizide sind bei einer wissenschaftlich korrekten Schluss-
folgerung meist nicht wirksam. Denn die Wissenschaft verbietet die
Übertragung der Pestiziderfolge von künstlich infizierten Pflanzen auf
nicht infizierte Pflanzen. Wenn jedoch nur 5-10% des Weizens durch
wilde Pilze tatsächlich so stark befallen wird, wie beim Bad in einer
Schimmelpilzsauce, dann sinkt der reale Wirkungsgrad der zitierten Erfolgsrate im Feld auf 0,2-0,4%. Eine derart geringe Wirkung ist statistisch nicht mehr signifikant, kann also von der Wissenschaft nicht bestätigt werden. Die Hochglanzwerbe-Broschüren der Pestizidindustrien
suggerieren mit geschickten Formulierungen angebliche Schutzwirkun-
gen, ihre Kunden realisieren kaum, dass die „relevanten" Ertragssteigerungen pseudowissenschaftlich verbrämte Werbeslogans sind, aber
keine wissenschaftlich „signifikante" und bestätigte Erfolge. Nicht-oku-
lierte Fungizid-Experimente beschränken sich auf feuchtkalte Extrem-
standorte ausserhalb der landwirtschaftlich möglichen Anbaugebiete,
die mit dem (ungiftigen) Schneeschimmel befallenen Äcker suggerieren
hollywoodreife Horrorvisionen. [44]
Sind die durchgängig unzulässigen Manipulationen der wissenschaftlichen Methodik für die Beschwörung einer angeblichen Bedrohung und
einer angeblichen Schutzwirkung der Weizenfungizide symptomatisch
für sämtliche Pestizide?
Statt Probleme dank einer besten fachlichen Praxis präventiv zu vermeiden, propagieren die Agrarministerien eine optimierte Giftanreicherung, dieses Prinzip gilt erst recht für die einzige real gefährdete Ackerkultur: Kartoffeln benötigen laut staatlichen Empfehlungen mindestens
13 Fungizid-Behandlungen, zusätzlich zu den anderen Pestiziden. [45]
Die angeblich wissenschaftlich bestätigten Erfolge der Fungizide beru-
hen auf methodischen Manipulationen.
Die (auch staatliche) Agrarforschung agiert vermehrt als Werbeabtei-
lung der Pestizidindustrien: Mit wissenschaftlich unzulässigen Tricks
zaubern sie nicht nur angeblich massive Befälle durch Pilzerkrankungen
herein, sondern auch wirksame Fungizide.
In einigen Ländern sind Fungizidbeizungen des Getreides obligatorisch.
Diese schwächen die Ackerpflanzen, und legitimieren so den Einsatz
von noch viel mehr Pestiziden.

Das wichtigste Fungizidgruppe, die Azole stehen unter Krebsverdacht, das erste wurde in der EU bereits verboten. Die Pestizidverkäufer empfehlen neu bei Weizen bis zu vier Fungizidbehandlungen.

Biologicals – Industriepestizide für bio

Diese Eskalationen an cancerogenen Pestiziden kümmert die Agrarministerien wenig, im Gegenteil: Um die imminente Todesgefahr des krebserregenden Pestizidverzichtes durch den verkauf von verschimmeltem bio-Getreide abzuwehren, bewilligen die Agrarministerien die Biologicals, die toxischen Biotech-Pestizide der Chemie-/Gentech-Industrien für den bio-Landbau.

Geschickt suggerieren die staatlichen (Biotech-)AgrarforscherInnen mit Naturstoffen auf künstlich infiziertem bio-Getreide einen angeblichen Bedarf nach bio-Fungiziden, um so Bewilligungen für Industrie-Fungizide im bio-Anbau zu ermöglichen. [46-48]

Das pilztötende „bio"- Beizmittel Cerall z.B. gehört einem der weltgrössten Pestizid-, Gentech- und Saatgutkonzerne, die Gifte werden von Bakterien hergestellt, die aus einer der tödlichsten Gattungen stammen, den Pseudomonas. Diese verfügt über ein hocheffizientes Genaustauschsystem für die Virulenzverstärkung auf ihrem Polysom, was die Gentechexperten dieses Agrarkonzerns nur zu gut wissen. Die Kernkompetenz der Biotechkonzerne ist nicht etwa die Optimierung potentieller Risiken?

Die Wirksamkeit der Biologicals beruht auf natürlichen Bakterien oder Pflanzen, und darum sind sie bio und ungefährlich?

Natürliche Bakteriengifte sind die tödlichsten Gifte der Welt, für Botulin, das Gift schlecht gelagerter Leguminosen, existieren weder Grenzwerte noch tolerierbare Belastungen, über die Nahrung aufgenommen ist es allzu tödlich, darum existieren auch keinerlei behördliche Rückstandsmessungen.

Natürliche Gifte in einer Milliardenfachen Hochkonzentration sind genauso wenig natürlich wie konzentriertes Arsen: Dieses natürliche, chemische Element diente vor der grünen Bewegung noch als wichtigstes Pestizid. Es wurde erstmals im späten Mittelalter von den Behörden wegen seinen tödlichen Nebenwirkungen verboten.

Die Biologicals für den bio-Landbau tragen staatliche Warnhinweise wie „gesundheitsschädlich" oder „nicht einatmen". Das wahrscheinlich cancerogene und embryotoxische Glyphosat hingegen wird nur als „reizend" eingestuft. [49]
Bio-Bauern mit Schutzkleidung und -Handschuhen, und Atemschutz? Eine Maler- oder doch besser eine Gasmaske? Und die Kunden? Ob die Bakteriengifte der Pestizidkonzerne sich im bio-Brot wiederfinden, interessiert die Bewilligungsbehörden nicht.

Die Sabotage von bio

Dank eines surrealen science-fiction-Szenario gelang es den Agrarministerien, die Schäden ihrer „öko"-subventionierten, schlechtesten fachlichen Praxis für die Bewilligung der ersten Biotech/Gentech Pestizide für den bio-Landbau-zu nutzen. Um jene Krebsgefahr zu verhindern, die auf den Warnhinweisen „wahrscheinlich krebserregend" allzu vieler Pestizide ebendieser Firmen prangen.

Der gute Ruf von bio soll durch toxische „Bio"-tech-Pestizide zerstört werden, um so den Fluchtweg bio statt industriell zu vergällen. Und die Beweismöglichkeit zu verhindern, dass ein Leben ohne Pestizide möglich sei.

Nach dem bio-Labelklau und Greenwash der „Bio"-technologie folgt nun die finale Etappe: Mit den dubiosen Biologicals der Pestizidkonzerne versuchen die Agrarministerien, den gute Ruf und die gesunde Qualität von bio zu ruinieren. *Cerall*, das Biotech-Fungizid für die bio-Landwirtschaft weist in den staatlichen Experimenten durchgehend schlechtere Erfolge auf als simple Warm- oder Heisswasserbehandlungen. [50-57] Die Landwirtschaftsministerien bewilligten die von ihnen als „gesundheitsgefährdend" klassifizierten toxischen Biologicals mit der Begründung, dass die ungiftigen Methoden angeblich teurer seien.

Kleinere Firmen können sich die ungeheuren Kosten der Bewilligungsdossiers für unbedenkliche Pilzschutz-Präparate wie Senfmehl kaum leisten. Also übernehmen die Gentech/Pestizidkonzerne den Markt für „bio"-Pflanzenschutzmittel. Sie müssen für die Bewilligungen die chemischen Komponenten ihrer „bio-Pestizide" nicht deklarieren.

Die Agrarministerien suggerieren, dass der Giftverzicht der bio-Landwirtschaft schuld am Krebs sei, und nicht etwa die krebsverdächtigen Industrietoxine.

Intermezzo: Biotech und bio – der Definitionssalat
Bio, Biotech, Gentech, industriell, konventionell, IP, öLN, BVL, Permakultur – ein Definitionssalat?
Es existieren nur drei verschiedene landwirtschaftliche Lösungskonzepte:

- Die konventionelle, industrielle Landwirtschaft, und ihre diversen Labels IP, öLN, BVL, etc. steuert den Acker mit Pestiziden.
- Die Gentechnologie (alias Biotechnologie) mit gentechnisch manipuliertem, patentiertem Saatgut und mit Pestiziden.
- Der bio-Landbau, die Agrarökologie, die Permakultur und die vorindustrielle Landwirtschaft weichen potentiellen Problemen präventiv mit Knowhow und Systemkenntnissen aus.

Bio und öko passen sich der Natur an, die Agrarindustrien zwingen der Natur und der Bevölkerung ihre Profitoptimierungsstrategien auf.
Als bio den Glauben in die Notwendigkeit der Pestizide für die Nahrungsproduktion erschütterte, versuchte die überflüssige Pestizidindustrie ihre Existenz mit dem trendig-innovativen „Bio"-Tech Label einer genauso überflüssigen und erfolglosen Gentech zu retten.

Ökologie - der „Kostenfaktor" Fachkompetenz?

Die Agrarpolitik vertraute die fachliche Führungsrolle über die Landwirtschaft der Chemieindustrie an. Denn die Giftchemie sei die wissenschaftliche Expertin für die Landwirtschaft.

Die naturwissenschaftliche Expertin und Betriebsanleitung für lebende (Produktions-)Systeme ist jedoch die Ökologie. Die Chemieindustrie disqualifiziert sie jedoch als einen lästigen Kostenfaktor, aber das ist sie nur, wenn das entscheidende Erfolgskriterium, das Fachwissen fehlt.

Probleme löst man mit Wissen, und das ist gratis, darum muss es verschwinden. Ökologisch kompetentes Fachwissen statt Gifte würde die Ertragsausfälle durch natürliche Schädlinge auf ein irrelevantes Ausmass minimieren.

In der Industrie zählen nur die Besten, die Nieten werden eliminiert.

Die Agrarpolitik macht es genau umgekehrt, sie unterstützt lieber die Interessen der Wirtschaft, als die der Land-Wirtschaft: Sie strebt eine Optimierung der Pestizid- und Pharmaverkäufe an, dank einer disktreten Optimierung der Probleme im Feld.

Knowhow ist die rentabelste aller Investitionen. Die beste fachliche Praxis, das Knowhow der echten Experten des Feldes, der praxiserfahrenen Bauern wird von der Agrarlobby jedoch genauso sabotiert wie das Fachwissen der Agrarökologie.

In so komplexen Systemen wie der Landwirtschaft genügt Goodwill alleine nicht, um die Natur optimal zu lenken, die Liebe zur Geigenmusik befähigt auch nicht zum Geigenspiel, erst recht nicht, wenn immer nur die Geige schuld an den Misstönen sein soll.

Die Agrarpolitik nutzt das fehlende Fachwissen der Idealisten für ihre Eskalationsstrategien: Zunehmende Dürren – Krieg ums Wasser?! Statt endlich mit den Ernteresten zu mulchen: Mulch verhindert die Verdunstung des Bodenwassers, rettet so die Ernten und ist erst noch ein Gratisdünger. Aber die Biotechnologie verspricht doch, dem Klimawechsel angepasste Getreidesorten und Bäume zu entwickeln? Wozu? Es genügt, Saatgut aus der benachbarten, trockneren oder wärmeren Region zu kaufen. Die Klimaveränderung kreiert keine „neuen" Temperaturen und Regenmengen, sie verschiebt sie nur. Die Agrarpolitik propagiert nur Lösungen, die an Absurdität kaum zu überbieten sind.

Die Bevölkerung soll auf die „Kostenfaktoren" Ökologie und Bauern, und auf die Feindbilder bio und Natur eingeschworen werden, und auf den strahlenden Retter Biotech alias Pestizid- und Gentechindustrie. Denn eine beste fachliche Praxis bedroht die Profite und Existenz der Agrarindustrie. Und darum müssen öko, bio und traditionell verschwinden.

Bienensterben – der illegale Overkill
In China bestäuben Arbeiter die Fruchtbäume mühsam von Hand.
In Kalifornien müssen die Mandel-Monokulturen mit mobilen Express-Imkern befruchtet werden.
Wie soll das nun weitergehen? Autonome Roboterbienen?
Bio und öko wurden trendy, die Politik ordnete Ende letzten Jahrhunderts eine ökologische Agrarwende an.
Der Agrarwende etablierte in den Gesetzestexten ein optimales Instrument zur Reduktion der Pestizidbelastungen: **Die Schadschwellen sichern, dass Pestizide nur eingesetzt werden, wenn die Ertragsverluste höher sind als die Pestizidkosten.** Die Einhaltung dieser einen Verordnung würde genügen, um die Pestizidmengen drastisch zu minimieren.
Die Pestizidkataloge bieten Paletten an Insektiziden an, sogar für den Weizen. Warum braucht der Weizen Insektizide, welche Insekten bedrohen denn den Weizen? Blattläuse können bei massiver Überdüngung den Weizen befallen. Aber Bauern die derart überdüngen, verlieren laut Gesetz die Zulassung für Direktzahlungen/Subventionen.
Auch der Mais wird nur sehr selten befallen, nur in Mais-Monokulturen, die ebenfalls fast immer verboten sind, weil sie sie derart anfällig sind.
Die Bienen sterben wegen dem toxischen Overkill einer schlechten fachlichen Praxis. Und einer schlechten Agrarpolitik: Die Agrarministerien unterlaufen ihre eigenen ökologische Schadschwellen-Verordnung, sie retteten einige Schluck der ach so billigen und gesunden Milch in den verbotenen Futtermais-Monokulturen mit Unmengen an Neonicotinoiden. Und seit die Proteste dies verboten, retten sie einige der ach so billigen und gesunden Chips mit Neonicotinoiden für Raps und Kartoffeln.

Nun kommt gar eine innovative Generation an weit toxischeren Insektiziden.

Die Sabotage von öko

Die Einhaltung der Schadschwellen ist zwar Gesetz, real obliegt sie einzig der Eigenverantwortung der Bauern. Jegliche Kontrolle der Pestizideinsätze sei unnötig, weil der Staat die Bauern ja zu Giftspezialisten ausbildet. Auch staatlich abgesegnete Führerscheine sind kein Garant für das Einhalten der Geschwindigkeiten. Die Bussen für selbstdeklarierte unnötige Pestizideinsätze sind minim, sie sind geringer als für Fehler im gigantischen administrativen, pseudo-ökologisch verpackten Papierkram.

Die Agrarministerien forcieren Beizmittel und andere präventiv einzusetzende Pestizide. Der Neonicotinoidgebeizte Futtermais sondert toxisches Gutationswasser ab. Neonicotinoide werden weiterhin u.a. beim Raps eingesetzt. Werden die Rapsblüten von Käfern gefressen, treiben die Pflanzen etwas später neue Blüten aus. [58].

Aktuelle Pestizidprospekte empfehlen den Einsatz eines Neonicotinoids noch vor der Blüte, damit die Pflanzen ja nicht mehr die Gelegenheit erhalten, ihre Fressfeinde selbständig und gratis auszutricksen.

Deshalb beschwören die Industrie-Hochglanzbroschüren nur die Wirkung der Insektizide auf die Schädlinge, nicht aber auf die Erträge. [43

Es besteht kein (statistischer) Zusammenhang zwischen Befall und Ertrag einer Ackerfrucht. Selbst Rekorderträge können durchaus einen schweren Schädlingsbefall erlitten haben, während viele Fehlernten nie angegriffen wurden. Ertragsentscheidend sind v.a. Bodenfruchtbarkeit und Nährstoffversorgung, also die beste fachliche Praxis.

Die eigentliche Zielsetzung der Beizmittel ist die Sabotage der ökologischen Verordnung, Pestizide erst bei sich abzeichnenden Problemen einzusetzen. Und da präventive Pestizide die Abwehr der Pflanzen schädigen, konnte so gleichzeitig der Schädlingsdruck optimiert werden, um zu beweisen, dass Pestizide sinnvoll seien, die Strategie der selffullfilling prophecy.

Bauern, die sich dem Beizzwang widersetzen, riskieren in einigen Ländern ein Berufsverbot.

Obwohl ihre eigenen Verordnungen präventive Pestizidanwendungen verbieten, forcieren die Agrarbehörden gezielt präventive Hochdosierungen von Pestiziden, was zur Schädigung der Ackerpflanzen führt und zu Befällen, gezielte Eskaltionsstrategien um den Verkauf von noch mehr Pestiziden anzukurbeln.

Passend dazu werden gesetzeswidrige Pestizidbelastungen prinzipiell nie bestraft, Nahrungsmittel mit Grenzwertüberschreitungen von Pestiziden dürfen weder gebüsst noch verwarnt werden. Nur gerügt und zurückgenommen.

Die geplante Abschaffung von öko und bio

Hinter den Kulissen konsolidierte die Agrarpolitik den Ausverkauf des trendigen öko: **„Das Prinzip des ökonomischen Ausgleichs für eine ökologische Leistung wird im Grundsatz aufgegeben"** [59] Denn „die heutige Konfrontation zwischen Umwelt und Wirtschaft muss aufgelöst werden". (BLW, Schweizer Bundesamt für Landwirtschaft, „Agroscope-Forschungsinitiative Produktion 2020: Neues nachhaltiges landwirtschaftliche Produktionssystem").

Eine agrarpolitische Kehrtwendung?!

Welche Kehrtwendung denn?

Seit der Einführung der ökologischen Auflagen gingen die verkauften Pestizidmengen… nicht zurück. [60]

Mit kognitiver Dissonanz bezeichnet die Psychologie jene kleine, hartnäckige Stimme, die einen warnt, dass man sich hereinlegen lässt. Weil man nicht auf das unangenehme Gefühl hört, das durch widersprüchliche und unvereinbare Behauptungen hervorgerufen wird.

Denn Erfolge müssen stets kontrolliert, beschützt und verteidigt werden.

Die besten Gesetze nützen gar nichts, wenn ihre Implementierung nie verifiziert wird.

Die hart erkämpften Erfolge der Idealisten sollen verschwinden, noch bevor die öko-Agrarwende beweisen konnte, dass ein Leben ohne Pestizide sehr wohl möglich ist.

Mogelpackung Agrarwende

Die Agrarministerien setzten ihre Verpflichtung zum Schutz von Umwelt und Gesundheit einzig in einen Greenwash der Pestizide um. Die Wahrnehmung, dass Pestizide ein äusserst gravierendes Problem für Mensch und Umwelt darstellen, wird von den Agrarministerien nicht akzeptiert. **Die eingesetzten Pestizidmengen sind kein offizieller Indikator für einen ökologischen Fortschritt in der Landwirtschaft.**
Eine Reduktion der Pestizidmengen ist weder Zielformulierung noch Gesetz.
Der Schutz der Steuerzahler vor unsinnigen Pestiziden ist kein ausformuliertes Ziel der Gesetzgebung. Die Agrarministerien wehren sich gegen jede Definition von öko, die bedeutet, dass sie aufhören sollen, mit wirtschaftlich und landwirtschaftlich unsinnigen Pestiziden die Gesundheit der Bevölkerung zu gefährden.
Die Agrarpolitik hat jeden Bezug zur (landwirtschaftlichen und wissenschaftlichen) Realität verloren: Mit der Beschwörung falscher Prämissen, inszenierten Sachzwängen, unzulässigen Extrapolationen und Intransparenz optimieren die Agrarministerien weiterhin landwirtschaftliche Probleme und Pestizidverkäufe, Zivilisationserkrankungen und Pharmaumsätze, sowie den Ausverkauf sämtlicher natürlichen Ressourcen an die heftig kritisierten Spekulationsfonds.

Der unbeachtete industrielle Rollback

„Die Feuerwehr ist gar nicht dumm, sie löscht jetzt mit Petrolium".
Machen wir uns nichts vor: Die Idealisten hätten schon lange ein Paradies auf Erden aufgebaut. Aber es gelang den Problemverursachern stets, die Führungsrolle im Kampf gegen ihre lukrativen Geschäftsstrategien sich selbst anzuvertrauen.
Die (Agrar-)Politik engagierte sich nur für den Schutz von Mensch und Umwelt, um sich die Führungs- und Fachkompetenz über die idealistischen Trends anzueignen. Denn nur ein staatliches Monopol über öko und bio ermöglichen deren effiziente Sabotage und Eliminierung. Mit ihrer faktischen Leadership konnten die Agrarministerien eine Persiflage der öko-Forderungen etablieren: Öko heisst nicht nur, die Natur

vor unsinnigen Giftbelastungen zu bewahren, sondern auch die Bevölkerung. Leider ein Tabu der Agrarpolitik und -kritik.

Die Agrarministerien engagierten sich primär für die Nicht-Implementierung aller Verordnung, die eine Verringerung der Pestizidmengen erzwingen würde: Insbesondere die Schadschwellen wurden nie kontrolliert, stattdessen wurden sie mit präventiv einzusetzende Neonicotinoid- und Fungizidbeizen unterlaufen. Pestizide werden weiterhin unbeirrt nach Planwirtschaft, bzw. gemäss den Verkaufsempfehlungen der Pestizidindustrien eingesetzt. Und nun streben sie die Abschaffung der Schadschwellen an, noch bevor sie genutzt werden und beweisen können, dass der Grossteil der eingesetzten Pestizidmengen unsinnig ist.

Der fehlende Bedarfsnachweis

Der Klientelpolitik gelang es, sämtliche zentralen Fragen und Prämissen der Pestizidanwendungen zu tabuisieren:

Wie schlimm sind denn die Ertragsausfälle durch natürliche Schädlinge?

Erstaunlicherweise wurden die nie wirklich erfasst. Stattdessen schürt die Agrarpolitik eine Panik vor der grünen Hölle.

Unsere modernen Hochertragssorten seien empfindlich? Ein urbanes Märchen, das ermöglicht, eine angeblich gigantische Gefahr zu beschwören: Ohne Pestizide würden die Verluste bei Gerste angeblich 50% erreichen, bei Zuckerrüben und Baumwolle gar 80%, die realen Verluste betragen angeblich 26-30% bei Zuckerrüben, Gerste, Soja, Weizen und Baumwolle, und 35% bei Mais, 39% bei Kartoffeln und 40% bei Reis. Die horrenden Verluste basieren jedoch nicht etwa auf real gemessenen Daten, sondern auf Schätzungen, die anhand von hochkomplexen, kryptischen, nicht publizierten Formeln berechnet werden. [61]

Schimmelschäden sind die einzigen Schäden, die genau erfasst werden: Im mehrjährigen Schnitt befallen sie nun ca. 3% des Weizens so stark, dass es als Viehfutter oder Benzinersatz deklassiert werden muss. [62-]

Allerdings trifft dies nur den Weizen der Direktsaat mit ihren Rekordmengen an Herbiziden. [62-64] Ansonsten „kann die Kontamination des

Schweizer Halmgetreides mit Fusarientoxinen als gering bezeichnet werden."

Vor diesem Risiko wurde schon lange vor der Einführung der Direktsaat gewarnt[36]. Aber sie wurde dennoch eingeführt und erhält sogar Sondersubventionen für... ihren „Ressourcenschutz"...

Imaginäre Invasoren

Natürliche Gefahren werden aufgebauscht, die weit verheerenderen und tödlicheren industriellen Schäden werden als angeblich unvermeidliche Sachzwänge akzeptiert und sogar subventioniert.

Es ist jedoch unsinnig, in die Schadensbekämpfung zu investieren, ohne das reelle Ausmass der Gefahr zu kennen. Im Süden Europas sind die Feuerwehren gegen Waldbrände bestens ausgerüstet, im feuchten Gebieten existieren sie nicht. Gegen eine Gefahr zu kämpfen, ohne jeden Anhaltspunkt über ihr reales Ausmass ist unsinnig, der Aufwand muss in Bezug zum realen Risiko stehen.

Nur wer die echten Risiken kennt, kann entscheiden, wie oder ob eine Abwehr überhaupt sinnvoll ist.

Einzig die Einkommensverluste der (von Pestizidüberdosierungen bewirkten) Schimmelschäden im Getreide können korrekt berechnet werden, bei allen anderen Problemen fehlt eine Erfassung der Schäden.

Unsere Agrarpolitik vertraut die Nahrungsproduktion und die Gesundheit der Bevölkerung Giftstoffen an, die Gefahren bekämpfen, deren Ausmass fast nie gemessen, sondern immer nur geschätzt wurde.

Dürfen sie das? Natürlich nicht, Wissenschaftler müssen ihre Behauptungen immer auf Messungen abstützen. Flugzeug-Ingenieure dürfen nicht einfach schätzen, dass ein Flugzeug wohl besser fliegt, wenn die Flügelform anders wäre, sie müssen ihre Berechnungen in Experimenten überprüfen. Flugzeug-Ingenieure können sich irren, das kommt vor, aber wenn das zu Schäden führt, dann haftet die Firma. Agrar-Ingenieure können sich auch irren. Und da sie niemals nachmessen, ist dieses Risiko fast schon garantiert. Wenn ihre Empfehlungen zu Schäden führen, dann haften sie garantiert nicht. Und die Pestizidindustrien noch viel weniger.

„Schätzen" heisst juristisch „ohne jede Gewähr", „Schätzungen" sind die juristischen Hintertüren der Unverbindlichkeit, sie schützen vor Verantwortung und Haftung.

Unsere Agrarpolitik forciert den Verbrauch von bis zu einem Kilo Pestizide pro Person und Jahr, um eine angebliche Bedrohung abzuwehren, die nie wissenschaftlich gemessen und bestätigt wurde. /V.a. die hohen Futtermengen für die Mast brauchen sehr viel Pestizide).

Die Erfassung der vielbeschworenen Zerstörungswut der Natur ist fast inexistent. Denn bei fast allen Kulturpflanzen existieren robuste Hochertragssorten.

Die Zerstörung der natürlichen Schutzmechanismen
Die Agrarministerien beschwören nicht nur eine imaginäre Gefahr. Sondern auch einen imaginären Schutz.

Sie investieren einen Grossteil der Forschungsarbeit, Gesetze und Geldmittel in die Absatzsteigerung überflüssiger Pestizide, um die Profite der Giftindustrien zu optimieren.

Sie verschweigen den Bauern, dass erkrankte Felder sich immer problemlos erholen, ohne jede Hilfe. Selbst die schlimmsten Pilz- oder Nematoden-Angriffe sind nach zwei Jahren spurlos verschwunden. Epidemien verschwinden immer „von allein", Schädlinge werden immer durch Grossangriffe ihrer Antagonisten oder Konkurrenten besiegt. Falls diese nicht von den Pestiziden eliminiert wurden.

Knowhow ist die rentabelste aller Investitionen: Seit Jahrtausenden arbeiten Bauern mit resistenten Sorten und cleveren Fruchtfolgen. Schädlinge sind Symptome eines gestörten Systems, meist eine Mangelernährung oder Vergiftung. Pestizide verhindern eine natürliche Korrektur der Probleme, sie schädigen die Nahrungspflanzen und das natürliche Gleichgewicht der Felder, solche chronischen Teufelskreise optimieren die Schäden.

Pflanzen wissen sich mit Lock-, Verwirr- und Abwehrstoffe zu wehren. Werden die Wurzeln von Maispflanzen von Nematoden, sehr eleganten Mini-Würmern angegriffen, rufen die befallen Pflanzen Jagdnematoden zu Hilfe, die ihre gefrässigen vegetarischen Verwandten fressen. Werden jedoch Nematozide eingesetzt, müssen die maisfressenden Nematoden jahrelang mit den teuren Giften eliminiert werden.

Ein erster Befall eines Feldes kann noch mit Pestiziden zurückgedrängt werden, greifen andere Parasiten die giftgeschwächten Ackerpflanzen an, wird es immer schwerer, auch diese mit Pestiziden zu eliminieren. Pestizide verhindern, dass die natürlichen Kontrahenten die benötigte Durchschlagskraft erreichen, um die Schädlinge abzuwehren, diese Zerstörung der Selbstregulation ist wohl auch der Grund, warum die wissenschaftlichen Beweise für die angebliche ertragssichernde Wirkung der Pestizide Seltenheitswert haben.

Unsere Ackerpflanzen wachsen all zu oft in jener höchstkonzentrierten Giftsauce auf, die sie gerade noch ertragen können.
Aber die Konsumenten allzu oft nicht.

Das bio-Surrogat „Bio"-Tech

Die Ökologie gefährdet die Gewinne der Pestizidindustrie, die Politik vertraut unsere Ernährung der „innovativen Biotech" an. Den innovativen Techniken der bio-Landwirtschaft? Aber nein, die neuen netten Etiketten der Gift-Lösungen.

Der Cooption, der Synergie von Lobbying und Greenwash, gelang die feindliche Übernahme der idealistischen Trends und deren Reengineering: Das Downsizing von öko und bio auf das innovativ geliftete „Bio"-Tech-Label der heftig kritisierten, einschlägig vorbestraften Pestizid- und Gentech-Industrie, und das Outsorcing von Bauernwissen und (Agrar-) Ökologie ins völlige Abseits. Mit dem Rayonverbot für die ökologische Biologie und der Patentlösung Bauernsterben konnte das Agrarlobbying ihren felderfahrenen Konkurrenten jede Fachkompetenz und Existenzberechtigung absprechen.

Ein effizienter Schutz von Gesundheit, Umwelt und Klima sind ist nur eine Utopie, solange die Ökologie fremddefiniert wird.

Die Agrarindustrie schmückte sich schon immer mit den fremden Federn der Idealisten. Ein Mimikry ist eine rein äusserliche Anpassung der Verpackung an ein erfolgreiches Prinzip: Mit dem Labelklau „Grüne Revolution I und II" konnte die Agrarindustrie zuerst den Kunstdünger und die Pestizide, in der zweiten Etappe dann die Gentechnologie in den ärmeren Ländern etablieren. Die orwellschen Schönfärbereien ermöglichen ein unbehindertes Merchandising der PSM, der Pflanzen-„schutz"-mittel alias „Bio"-zide alias Pestizide.

Nun mutierte das Giftbusiness gar zur *„life" science*, und zur *emerging technology*, eine emporstossende Technologie. Ihre euphemistischen Neusprach-Sprachkreationen sind fast unerschöpflich, die „BioRegionen" des „europaBio" definieren die Gebietsansprüche der Gentech, die sich dank dem „Bio"-Sprit via Energiesektor zu etablieren versucht. Die *innovative technologies for efficient use of land ressources* versprachen gar mehrstöckige Agrarfabriken, sogar die Gratis-Sonne sollte teuer, gefährlich und lukrativ durch AKW-Kunstlicht ersetzt werden.

Die Leistungen der Ökologie werden fast ausschliesslich von ihren Gegnern definiert, von (verkappten) Pestizid-Lobbyisten, die den Idealisten das urbane Märchen der geizigen und gefährlichen Natur und den lebensrettenden Pestiziden verkaufen.

Das ist wie eine Mozart-Symphonie von den Sex Pistols.

Designfehler „Bio"-Tech

Wenn die Beweise für den Nutzen eines Industrieproduktes fehlen, dann wird einfach ein neues lanciert, zusammen mit einem innovativen Branding. Und wenn auch hier der Erfolg ausbleibt, dann verspricht man einfach zukünftige Erfolge.

Bio-Tech? Der Slogan definiert das Programm: Lebewesen sollen mit technischen Methoden verbessert werden? Nur dass der Naturersatz Technik immer bedeutend schlechter ist als das Original, ob Flugzeuge, Solarenergie oder Hüftprothesen, die bio-Originale sind weitaus effizienter.

Können Lebewesen mittels Technologien optimiert werden? Mit Anabolikas, Antibiotikas oder Fremd-Genen?

Die Biotech/Gentech hat es bisher noch nie geschafft, ein Produkt zu entwickeln, das besser ist als bio.

Biotech ist lediglich ein science-fiction-mässiges bio-Surrogat-Label für die heftig angefeindete Giftindustrie. Das Denkkonstrukt „Bio"-

tech ist die leere Worthülse eines dysfunktionalen Designs, die Technik kann Lebewesen nicht verbessern. Denn diese zwei Organisationsformen verfügen über fast schon surreal ungleiche Forschungskenntnisse, die Biologie verfügt über einen Vorsprung von einer Milliarden Jahre, das ermöglicht ihr weit effizientere Konfliktlösungen.

Intermezzo: Obligatorische und fakultative Invasoren

Um unnötige Missverständnisse und Grabenkriege zu vermeiden, eine grundsätzliche Differenzierung zwischen obligatorischen, fakultativen und exzessiven Kontrahenten im Feld.

Das grösste Problem der Ackerwirtschaft ist das Unkraut, bzw. die Wildgräser. Wird auf einem Feld die Pflanzenschicht entfernt, kommt es zu einer obligatorischen „Invasion" von „Unkräutern und Ungräsern". Die Besiedelung von nackter Erde durch Wildpflanzen ist in der Natur vorgesehen und obligatorisch, sie muss mit entsprechenden Massnahmen verhindert werden. Ausser bei den wichtigsten Grundnahrungsmitteln: Das Sumpfgras Reis wird gezielt geflutet, um die Unkräuter zu ertränken, in der traditionellen Milpa ist der Unkrautdruck sehr gering, ebenfalls im industriellen und im bio-win-win Wintergetreide.

Die Erfolgschancen der Pflanzenfresser hingegen sind fakultativ. Natürlich tauchen automatisch Vegetarier auf, wenn es was zu fressen gibt, aber die Pflanzen verfügen über ein Arsenal an Abwehrmechanismen. Gesund ernährte Kulturpflanzen aus einer resistenten Zucht können sich gegen Angreifer wehren.

Die massive, exzessive Invasion von Pflanzenfressern ist in der Natur nicht vorgesehen, sie limitieren sich auf die Problemfolgen von Anbaufehlern. Und auf Problemkulturen: Im Ackerbau sind dies einzig die krankheitsanfälligen Kartoffeln, alle anderen Kulturen sind bei einer guten fachlichen Praxis und resistenten Sorten nicht durch Erkrankungen oder Insekten bedroht. Giftstoffe vernichten auch die natürlichen Feinde der Schädlinge, so dass die bald mal Schlange stehen, zudem schädigen sie die Abwehrkräfte und die Ertragsleistung der Kulturpflanzen.

Die fehlenden Wirkbeweise der Pestizide

Die Agrarpolitik weigert sich, die Ertragsausfälle durch natürliche Schädlinge zu erfassen.

Und wie sieht es mit der Wirksamkeit der Pestizide gegen diese Schädlinge aus?

Wissenschaftliche Feldmessungen über die Wirkung der Pestizide sind äusserst selten.

Kein Wunder: Eine Herbizidmessung im Weizen einer kleinen Chemiefirma, die Hälfte der Felder wurde (nach der Bereitung eines unkrautfreien Saatbeetes) mit einem Unkrautvertilger behandelt, die andere Hälfte nicht. [65] Die Auswertung: Bei Weizen sei eine gewisse Verunkrautung mit Ungräsern zu tolerieren, Unkräuter sind an sich problemlos. Bei der Hälfte der Felder mit wenig Verunkrautung betrug der Ertragsausfall 0-5%, und nur bei den sehr seltenen, sehr starken Befällen bis zu 10 %.

Der natürliche Befall mit Wildgräsern im industriellen Weizen ist meist so gering, dass ein Herbizideinsatz normalerweise teuer und überflüssig ist. [65-66] Das wissen die Bauern noch heute nicht.

Wozu brauchen wir Pestizide, wenn unser Hauptnahrungsmittel Weizen ohne Unkrautbekämpfung auskommen kann? Insekten und Erkrankungen kann er sowieso abwehren.

Experimentelle Messungen der Pestizidwirkungen sind äusserst rar, selbst das Hightech-Monitoring via Satellit durfte nur äusserst kurz eingesetzt werden, denn es konstatierte allzu starke Pestizidschäden an den Kulturpflanzen: Der an sich sehr robuste Mais wies massive Wachstumsstopps auf, als er Herbiziden ausgesetzt wurde. [67]

Denn Pestizide schwächen auch die Kulturpflanzen und deren natürliche Abwehr. Äcker sind lebende Organismen, die Schäden selber reparieren können, sie sind nicht wie Autos, die reparieren sich tatsächlich nie selber.

Beim Klassiker, den umstrittenen Neonicotinoiden im Mais (oder auch im Raps) glänzt die Beweislage durch ihre Abwesenheit. Bei den seltenen Messungen ist die Wirkung gering und nicht immer positiv. [68]

Eine umfassende statistische Analyse grosser Datensätze, eine Clusteranalyse, kommt gar zum Schluss, dass Sortenwahl, Fruchtfolge und klimatische Faktoren ertragsentscheidender sein können als die Wirkung der Neonicotinoide. [69]

Bei den Fungiziden ist die wissenschaftliche Beweislage nicht besser: Da die Pilzerkrankungen sehr selten sind, wirken die Fungizide primär nur bei einer schlechten fachlichen Praxis wie Monokulturen oder sehr ungünstige Fruchtfolge/Vorfrucht. [70]

Oder sie können sich gar kontraproduktiv auswirken [38]

Die Unmengen an eingesetzten Pestiziden verfügen über keine wissenschaftlich akzeptable Legitimierung.

Das Hauptproblem ist der unerklärliche Seltenheitswert der wissenschaftlichen Messungen, pro Wirkstoff existieren weit mehr unterschiedliche Verkaufsprodukte und Marken als publizierte und wissenschaftlich korrekte Beweise einer signifikanten Ertragssteigerung.

Die Resultate sind sehr inkonsistent und widersprüchlich, selten sogar kontraproduktiv.

Die Beweise für eine ertragsverbessernde Wirkung der Pestizide fehlen wohl, weil die Befälle meist minim sind, und die Pestizide überflüssig.

Die ertragssteigernde Wirkung der Pestizide zu beweisen wäre Sache der Pestizidverkäufer, aber die publizieren ihre Messresultate nie. Sie versprechen sogar nie explizit eine ertragssteigernde Wirkung der Pestizide, sie suggerieren sie höchstens, das diskrete Vorspiegeln falscher Tatsachen ist nicht verboten. Die staatliche Agrarforschung misst nur sehr selten nach, und kann die vermuteten Ertragssteigerungen nur selten bestätigen.

Das systematische „zufällige" Fehlen von wissenschaftlichen korrekten Beweisen für eine ertragssteigernde Wirkung der Pestizide erweckt den Verdacht, dass dies seine guten Gründe hat.

Die Geschäftsgeheimnisse der Pestizide

Die Agrarministerien verlangen für eine Pestizidbewilligung keine wissenschaftlichen Beweise für eine ertragssteigernde Wirkung oder einen sonstigen Nutzen. Sondern nur „eine technische Unterlage mit Angaben zur Beurteilung der Wirksamkeit, es darf höchstens eine „Zusammenfassung der Ergebnisse" eingefordert werden, eine technische Unterlage mit Angaben zur Beurteilung der Wirksamkeit" jede Möglichkeit einer wissenschaftlichen Überprüfung wird vom Gesetzgeber präventiv verhindert. "(71-72)

Die Landwirtschaftsministerien bewilligen den Einsatz der Pestizide, halten jedoch allfällige Beweise für den Nutzen der Pestizide geheim, und begründen dies mit dem Schutz von Geschäftsgeheimnissen. Aber die Wirkstoffe der Pestizide unterstehen nicht der Vertraulichkeit, sie werden lange vor den Bewilligungsanträgen patentiert, um sie gegen intellektuellen Diebstahl durch die Konkurrenz zu schützen.

Die Geheimhaltung der Wirkung der Pestizide legt drei mögliche, logische Motive nahe:

- Die Ertragssteigerungen sind zu schwach, sie können wissenschaftlich nicht bestätigt werden
- Oder die Methoden der Beweisführung sind wissenschaftlich nicht korrekt.
- Oder die meist unnötigen Pestizide senken gar die Erträge.

Ein Paradigmenwechsel ist überfällig: Pestizide sind sinnlos und überflüssig.

Sie können weder einen realen Nutzen noch einen realen Bedarf nachweisen.

Die (Land-)Wirtschaftsministerien beschwören angeblich verheerende Verluste im Feld durch natürliche Schädlinge. Und blenden die verheerenden Schäden der Pestizide im Volk völlig aus.

Die Nahrungsvernichtung durch Klimaveränderung, Kehrrichtverbrennungen und Agrarsprit betragen jeweils das Zigfache der Verluste durch natürliche Schädlinge.

Pestizide bekämpfen irrelevante Verluste, sie sind überflüssig.

Ertragssteigernde Pestizidverzichte?

Die experimentellen Beweise für die Wirkung der Pestizide im Feld fehlen? Es existieren jedoch andere, wissenschaftlich sehr aussagekräftige Informationsquellen: Die Produktionsdaten belegen oft erstaunliche Wirksamkeiten der Pestizide.

Die Wirkungen der Pestizide können in Felduntersuchungen drastisch ausfallen: In einem Experiment im Sahel, auf geschädigten Böden, hatten die mit Insektiziden behandelten Varianten hundertmal geringere Erträge als die unbehandelten. Ohne die Termiten als Mitarbeiter lief dort fast nichts mehr, während die insektizidfreien Parzellen beste Erträge lieferten. [73]

Costa Rica, 1973: Die Ölkrise bewirkte eine Einstellung aller Pestizideinsätze in den tropisch-feuchten Fruchtplantagen der *United Fruit*. Nach zwei Jahren gab es kaum noch Schädlinge, die Erträge erreichten fast wieder das Niveau unter den Pestiziden. [74]

In Indonesien wurden die Insektizidanwendungen in den Reisfeldern gesteigert, bis die Reisproduktion zusammenbrach und Indonesien Reis importieren musste. Daraufhin wurden die meisten Pestizide verboten, die Subventionen für Pestizide gestrichen, eine präzisere Anwendung der verbleibenden Pestizide eingeführt, die Pestizidmengen um 65% gesenkt und die Reisproduktion um 12% gesteigert. [75]

Auch Pilzerkrankungen verschwinden nach einigen Jahren von alleine, sogar aus den Monokulturen, verantwortlich sind unterschiedliche Gruppen von Mikroorganismen. [76]

Die kaschierten Ertragsbilanzen

„Wir brauchen die Hocherträge der Biotech/Gentech-Industrie, um die Menschheit ernähren zu können."

Zufälligerweise fehlen die Beweise für diese Behauptung. Seit bald mal einem Jahrhundert.

Publikationen der Erträge sind in der Agronomie so rar wie Sechser im Lotto. Die Agronomen messen lieber die Wasserleitfähigkeit oder Kohlenstoffanteile der Böden, oder andere nur begrenzt aussagefähige Parameter, die relevantesten und am einfachsten erfassbaren Werte, die Erträge fehlen fast durchgängig. Die Agronomen verkomplizieren ihre Messungen, um ungünstige Resultate zu verschleiern.

Nicht nur sie.

Die Produktionsmengen sind die Basis der Agrarspekulationen, darum werden sie auch publiziert, allerdings oft in antiken Masseinheiten: Nicht nur in Tonnen pro Hektare, sondern auch in Büschel oder Pfunde pro Morgen (acre). Soja, Mais und Weizen werden z. B. in den Berichten der US-Behörden in Büscheln gerechnet, Erdnüsschen und Baumwolle in Pfunde oder Ballen. Die Büschel können jedoch nicht so einfach in Tonnen umgerechnet werden, da das Gewicht der Büschel je nach Ackerfrucht unterschiedlich schwer ist. Um jede wissenschaftliche Ordnungsliebe und Logik ad absurdum zu führen, wiegt verblüffender weise das Büschel Weizen mehr als das Büschel Mais.

In Europa werden alle Ackerfrüchte in simplen Tonnen pro Hektare angegeben.

Die „innovative Biotech" weigert sich im Atomzeitalter, ihre Erträge in modernen, international vergleichbare Masseinheiten anzugeben, und klammert sich an ein Sammelsurium komplizierter Masssysteme aus dem Mittelalter. Haben dieses antiquierte Bilanzsystem etwas zu verbergen? Die US-Erträge können erst nach einigen Umrechnungsrecherchen mit den Erträgen der Restwelt verglichen werden. Notabene, in Asien und Europa wurde bereits im Mittelalter die Vereinheitlichung der Masseinheiten durchgeführt.

Werden die Erträge pro Hektare und Jahr miteinander verglichen, ergibt sich ein völlig anderes Bild der landwirtschaftlichen Leistungen:

Die Jahreserträge des Gentech-Leader USA sind im weltweiten Vergleich schlecht.

Und das legitimiert die US-Führungsrolle in der Hungerhilfe?

Beim Grundnahrungsmittel Winterweizen erntet Mitteleuropa mehr als doppelt so viel pro Jahr und Hektare, desgleichen bei Roggen, Hafer, Gerste. [10-11]

Die nordamerikanische Ertragsdepression ist ein ebenso gut gehütetes Geheimnis der Agrarpolitik wie die bestens bekannten Ursachen dieses Leistungszusammenbruchs: Kunstdünger verbessert die Erträge? Ein statistisches „Leckerli": Beim 100-jährigen Experiment „ewiger Roggen" in Saale, Deutschland produzierten die Kontrollflächen ohne jeglichen Dünger genau gleich hohe Roggen-Erträge wie der heutige, hochgedüngte US-Roggen. [77]

100 Jahre Zero Dünger erbringt langfristig die gleichen Erträge wie sehr viel Kunstdünger.

Ohne die jahrzehntelangen, nachhaltigen Bodenschädigungen durch die Agrarchemikalien wären die Erträge weit höher: Nordamerika würde beim Weizen das Doppelte produzieren, und Europa ca. 5-10 % mehr als heute. In den USA werden bis zu zehnmal höhere Mengen an Kunstdünger eingesetzt als in Europa.

In Saale steigerte die sehr geringe Menge von nur 40 kg Stickstoffdünger gegenüber Stalldünger für 20 Jahre die Erträge um 10 %, dann erfolgte der Gleichstand, nach 50 Jahren begann bio ca. 7 % mehr als industriell zu ernten.

Die Agrarindustrie kann die Erträge dank dem Kunstdünger kurzfristig steigern, in den gemässigten Zonen ca. 50 Jahre lang, in den Tropen 10 Jahre lang. Danach sinken sie.

Die heutigen Erträge wären wesentlich höher, hätten die Agrarchemikalien die Böden nicht so massiv geschädigt.

Die industriellen Ertragsdepressionen

Bio produziert weniger?

„Trau keiner Statistik, die Du nicht selber gelesen hast.": Die Intransparenz der Erfolgsbilanzen ist noch weit komplexer, die publizierten Erträge beziehen sich auf die Ackerfrucht, und nicht auf einen vergleichbaren Zeitraum.

Denn die kühleren Länder können in einem Jahr nur den langsamen, ertragreichen Winterweizen ernten, in den wärmeren Ländern wird in der Regenzeit Reis angebaut, gefolgt vom schnellen Sommerweizen, und oft noch einer Hülsenfrucht.

Und nun werden die ausgeklügelten, klimakompatiblen Anbaumethoden der armen Länder der High-Tech-Hungerhilfe anvertraut. Um ihr desolates Ertragsniveau zu kaschieren, publizierten die USA bis vor kurzem noch ihre Erträge einzig in den antiken und hochvariablen Messgrösse *bushel per acre* (Büschel/Morgen). Seit ihrer Umstellung auf Tonnen pro Hektar publizieren sie nur noch Gesamt-Getreideerträge, mit diesem Trick präsentiert sich der Maisproduzent USA im internationalen Vergleich nicht mehr als Schlusslicht.

So einfach funktioniert unsere Agrarpolitik: Alle Daten werden so arrangiert, dass ein völlig falscher Eindruck entsteht.

Die Kernkompetenz der Agrarindustrie ist das Kaschieren ihrer landwirtschaftlichen Misserfolge.

Aber die Erträge haben sich doch dank dem agronomischen Fortschritt massiv verbessert? Auch das ist primär ein messtechnischer Artefakt: Noch vor hundert Jahren war das Getreide höher als die Menschen, die klassischen Züchtungen entwickelten die heutigen Zwergsorten mit ihren höheren Kornerträgen. Und geringen Stroherträgen. Seither dient ein Drittel der Äcker dem Anbau von Mastfutter, um das Futterstroh zu ersetzen.

Ohne die Pestizide wäre der Hunger noch schlimmer? Die Hälfte aller Insektizide wird für die Baumwollerzeugung eingesetzt, und ein weiterer Grossteil in die Futtermittel Mais und Soja.

Bio produziert einzig in Europa weniger als industriell, die Pestizidlobbyisten verallgemeinern diesen Einzelfall zum globalen Sperrargument gegen bio.

Bio global

Der grösste Erfolg der Agrarindustrie ist die verzerrte Wahrnehmung der realen Leistungsfähigkeit der Anbausysteme: Die Ökologie nur dann un-ökonomisch, wenn die öko-Fachkompetenz fehlt.

Ohne Pestizide ernten wir nur noch halb so viel, sagen die führenden Chemieagronomen. Aber sie weigern sich, wissenschaftliche Beweise für diese Behauptung zu präsentieren.

Hunderte von experimentellen Feldversuchen beweisen jedoch, dass die besten bio-Methoden die Erträge erhöhen. Im weltweiten Schnitt könnten optimal naturkompatible Methoden die Erträge gar um 30% verbessern. [78] Und in den ärmeren Ländern sogar um 80 %. Dies ist nicht erstaunlich, denn je grösser das Dürrerisiko, desto anfälliger reagieren die empfindlichen Hybriden der industriellen Landwirtschaft. Die besten Ertragssteigerungen erreichten Mulch und Gründünger. [79] Pestizidbehandelte Felder erwirtschaften oft geringere Erträge als unbehandelte. [78, 80-82]

Nur in den Industrieländern schneidet bio um 10% schlechter ab als industriell? [78] Ein verhängnisvoller Mythos: In den USA sind die Erträge von bio nach wenigen Jahren gleich hoch wie bei konventionell [82-85] Bio produziert lediglich in Europa schlechtere Erträge, die Agrarpolitik extrapoliert den europäischen Sonderfall zum globalen Standard, um bio global als unverantwortlich zu diffamieren.

Bio kann rentabler produzieren als industriell, eine Umstellung auf optimale bio-Anbaumethoden wäre für Bauern und Handel hochattraktiv. Die Agrarpolitik orientiert sich jedoch fast ausschliesslich an den Werbeprospekten der Industrie.

Wer die Natur fürchtet, hat keinen grünen Daumen. Sondern Probleme.

Die Persiflage der Wissenschaft

Im Strassenverkehr bemühen sich die Behörden, potentielle Risiken via Verbote präventiv zu verhindern. Bei den Lebensmitteln ordnen sie das Gegenteil an: Sie finanzieren eine präventive, massive Anreicherung der Nahrung mit tödlichen Giften. Sie wollen nicht etwa die leidende Bevölkerung vor den Giften der Industrie schützen. Sondern die Industrien vor den trendigen Forderungen nach einem Schutz von Mensch und Umwelt.

Sie missbrauchen ihre demokratische legitimierte Machtstellung für den systematischen Ausverkauf sämtlicher wissenschaftlichen und juristischen Rechte, Regeln und Gesetze an die Profite der Giftindustrien. Sie legitimierten ihre Verstösse gegen ihre eigenen Verordnungen mit ihrer angeblichen wissenschaftlichen Autorität, bzw. mit konsequenten Verstössen gegen die wissenschaftlichen Regeln.

Die Finanzierung der Wissenschaft wurde zunehmend an Partikularinteressen outsorct, und an deren Reengineering und Downsizing der Realität. Die Chemieindustrien finanzieren und missbrauchen die Agrarministerien und die Agronomie als pseudowissenschaftlich verbrämte, übermächtige Werbeagenturen, die eine gezielte und lukrative Giftanreicherung der Lebensmittel anordnen.

Die Wissenschaft eignet sich jedoch nicht nachhaltig für die Legitimierung von Manipulationen und Fehlanleitungen – denn die bleiben immer nachweisbar. Die wissenschaftliche Gemeinde entlarvte zwar die industriellen Fehlargumentationen, aber sie konnte ihre Beweise nur in Fachzeitschriften publizieren, und die werden kaum beachtet.

Die Wissenschaft ist das moderne Instrument der Wahrheitsfindung, die Empirie, die Verifizierung von Behauptungen anhand von Messungen, begründete den Siegeszug der Aufklärung über den Aberglauben des Mittelalters. Wissenschaft ist keine Glaubenssache, Wissenschaftler überprüfen die Beweislage. Agrarindustrie und -Politik weigern sich trotz der jahrzehntelangen Proteste und Aufforderungen der wissenschaftlichen Gemeinde, den angeblichen Nutzen der Pestizide zu beweisen. Sie wischen ganze wissenschaftliche Bibliotheken an pestizidkritischen Publikationen beiseite, sogar jene, die von ihrer eigenen Agrarforschung erstellt wurden.

Transparenz statt Komplizenschaft, die verpasste Chance
Bevölkerung und Parlamente beschlossen in vielen Ländern Ende des letzten Jahrhunderts eine öko-Agrarwende. Aber die Pestizidindustrie verweigerte sich der behördlich verordneten Blitzbekehrung, statt gehorsam den Konkurs anzumelden, nutzte sie die öko-Slogans als dekorative Mogelpackung.
Eine Senkung der Pestizidbelastung und der Zivilisationserkrankungen wäre äusserst einfach.
Einige kleinere Veränderungen würden genügen: Existenzsichernde Löhne/Direktzahlungen für die Bauern, eine Überprüfung der Einhaltung der besten fachlichen Praxis und der Schadschwellen
Resistente Sorten und Kontrollen der Pestizidrückstände im Handel und Strafen für Überschreitungen.
Diese Methoden wurden ratifiziert, aber von den Agrarministerien sabotiert statt umgesetzt.
Die einzige Methode, die funktionierte war der Umstieg auf resistente Sorten. Die Monopolisierungen im Saatgutbereich lassen allerdings befürchten, dass dieser sehr kluge Trend gefährdet ist.
Die Chemie/Gentech-Industrien machten sich die behördlichen Machtpositionen gefügig, sie konnten die Behörden zu übermächtigen Erfüllungsgehilfen degradieren, die (fachliche) Autorität, die Finanzkontrolle und die Umsetzung von öko und bio unterstehen staatlich (mit-)finanzierten Institutionen, die industriegefährdendes Knowhow diskret ab-

wehren müssen. Den heftig lobbyierten Schlüsselpositionen in den Administrationen gelang es, die hart erkämpfte, hocheffiziente, präventive Schädlingsbekämpfung der Agrarwende zu unterlaufen und das trendige Engagement für Umweltschutz und Gesundheit in den Greenwash der Pestizide umzuleiten.

Die beste fachliche Praxis wurde durch die „ressourcenschützende" Direktsaat mit ihren Rekordmengen an krebsverdächtigen Glyphosat ersetzt. Die Schadschwellen, die angeben, ab wann sich Pestizid überhaupt rentieren, wurden durch die präventiven Beizmittel ersetzt die bienentötenden Neonicotinoide und die krebsverdächtigen, fast immer überflüssigen Azol-Fungizide.

Es liegt in der Natur jeder Industrie, eine Optimierung ihrer Verkäufe anzustreben, die Agrarbehörden zur Einhaltung ihres gesetzlichen Auftrages zwingen zu wollen, ist eine aussichtslose Sisyphusarbeit: Mit dem „Lobbying" wurde Korruption legalisiert.

Der fehlende Bedarf der Pestizidindustrie

Der Chemieindustrie gelang es, sich ein unantastbares fachliches Führungsmonopol über die Landwirtschaft zu verleihen, das verhindert, dass die wichtigste Frage erkannt und gestellt wird.

„Wozu brauchen wir Pestizide?"

Die einzige Existenzberechtigung der Pestizidindustrie ist das angeblich humanistische Engagement ihrer angeblichen Ertragssicherung: Wir brauchen Pestizide, weil so viele Menschen (ver-)hungern? Die Industrieländer beklagen seit Jahrzehnten ihre preiszerstörende Überproduktion, gleichzeitig importieren sie aber oft ungeheure Mengen an Nahrungsmitteln oder subventionieren die Nahrungsvernichtung via Mast- und Mobilität, während Millionen verhungern. Die Hälfte des Weltgetreides wird nicht von Menschen gegessen. Die Pestizidindustrie missbraucht die Ärmsten als billige Ausrede, um Nahrung und Menschen mit ihren Giftstoffen anreichern zu dürfen.

Schuld am Hunger sind weder eine böse Natur, noch die angeblich unfähigen Bauern.

Statt eine intelligente und gerechte Verteilung und weniger Verschwendung der Nahrung anzustreben, investiert die Politik in die Eskalation

der Katastrophen. Sie missbrauchen das Massensterben der Hungersnöte, um eine zusätzliche, lukrative Massentötung via Zivilisationserkrankungen zu subventionieren.

Pestizide verhindern den Hunger? Dank diesem edlen Engagement verdiene die stets bekennend verantwortungslose und einschlägig vorbestrafte Giftchemie unser Blindes Vertrauen in ihre Ehrlichkeit?

Aber Hunger ist kein landwirtschaftliches Problem, sondern ein politisches.

Die Agrarpolitik vertraute die Lösung des Hungerproblems den Managern des Agrarbusiness an, die in einer Minute mehr verdienen als Hungernde in einem ganzen Leben. Und die versprechen, all jene Probleme zu lösen, die wir ohne sie gar nicht hätten, Hunger-, Gesundheits- und Klimaprobleme.

Win-Win-Lösung Schädlingsversicherung

„Die Bauern brauchen die Pestizide, um ihre Erträge und ihr Einkommen zu sichern"

Aber warum sollen sie ihr Einkommen mit Giftstoffen sichern?

Sie könnten es auch mit einer besten fachlichen Praxis sichern, in Kombination mit einer besten fachlichen Praxis der Agrarpolitik: Eine Schädlingsversicherung könnte die Bauern vor schädlingsbedingten Ertragsausfälle schützen: Die Schäden durch Schmetterlinge, Schimmelpilze und andere natürliche Schädlinge werden wie jene der Luchse, Wölfe und Bären vom Staat erstattet. Auch Hagelschäden sind oft, allerdings privat versichert.

Eine Versicherung statt Unmengen an Pestiziden, die die Umwelt und die Bevölkerung schädigen?

Heureka! Warum setzt auf Agrarpolitik auf Giftlösungen, wenn gesund viel günstiger ist?

Effizient und rentabler muss nicht teurer sein, nur clever. Einst gab es hitzige Diskussionen über Sinn und Unsinn von Radarfallen, die Automobilisten zwingen sollen, ihr Tempo den Schulkindern anzupassen. In der Zwischenzeit bremsen weltweit sämtliche Autofahrer brav und konsequent vor jeder Strassenschwelle ab.

Eine Schädlingsversicherung muss mit einer besten fachlichen Praxis und einem Pestizidverbot gekoppelt werden. Und natürlich mit existenzsichernden Ergänzungszahlungen für die Bauern.

Aber die Kosten einer solchen Versicherung und Direktzahlungen wären zu hoch?

Sie wäre die einfachste, günstigste und effizienteste Methode um die Zivilisationserkrankungen zu senken. Pestizidbelastete Nahrungsmittel sind die dümmstmögliche Sparmethode, Krebstherapien sind sehr teuer, die Heilungschancen gering.

Pestizide sind eine Lösungsmethode, die weit destruktiver ist als die Probleme, die sie bekämpfen.

Das Fazit der wissenschaftlichen Verifizierung

Wissenschaft verkompliziert? Sie ist die Expertin für die Wahrheitsfindung, kompliziert ist sie nur, wenn andere Interessen sie für das Verschleiern der Wahrheit missbrauchen.

Ein klarer Überblick entlarvt die urbanen Werbemärchen, entwirrt professionelle Manipulationen und die entmystifiziert übermächtige Irre-Führungen.

Die Tabus der Agrarpolitik

Die Kunst des Lobbying besteht darin, einen screen of smoke zu inszenieren, einen Rauchschleier, der vom Wesentlichen ablenkt: Die Agrarpolitik konnte die zentralen Fragen der Landwirtschaft tabuisieren:

- Wozu brauchen wir Pestizide, wenn der Foodwaste mehr Nahrungsmittel vernichtet als die Schädlinge?
- Wie schlimm sind die Ertragsverluste durch die Schädlinge? Und warum werden sie nicht gemessen?
- Wie gut wirken die Pestizide? Warum wird das kaum je korrekt gemessen?
- Welches sind die Hauptursachen der Befälle durch natürliche Schädlinge? Welche Methoden ermöglichen einen Pestizidreduktion oder -Verzicht?
- Sind die Pestizideinsätze wirklich rentabel?
- Warum senkte die öko-Agrarwende die Pestizidbelastungen nicht?
- Wie sieht der (betriebs- und volks-)wirtschaftliche Kosten-Nutzen-Faktor der Pestizide aus?

Beste fachliche Praxis statt Pestizide

„Moderne Hochertragssorten brauchen Pestizide".

Viele Bauern realisieren nicht, dass diese Werbesuggestion den (leider sehr seltenen) Feldmessungen widerspricht:

- Die Sortenwahl ist ertragsentscheidender als die Pestizideinsätze
- Das Ausbringen der Pestizide ist fast immer viel teurer ist als etwaige Mehrerträge. [45]

- Erst recht, wenn die staatlichen Beiträge an eine Pestizidreduktion (extenso) genutzt werden.
- Die klimatischen Faktoren sind ebenfalls erfolgsentscheidend, ökologische Methoden senken die Dürreanfälligkeit und Ertragsverluste.

Die Einhaltung der besten fachlichen <u>Praxis</u> verhindert präventiv Schäden. Monokulturen und zu viele Agrarchemikalien schwächen Fruchtbarkeit und die Abwehr der Ackerkulturen. **<u>Totalausfälle</u>** sind stets Folgen von Fehlern, insbesondere von zu vielen Agrarchemikalien.

Eine beste fachliche Agrarpolitik

Eine beste fachliche Praxis sollte mit einer besten fachlichen Agrarpolitik ergänzt werden.

Die Agrarministerien konnten die zentralen Fragen ihrer Landwirtschaftspolitik vermeiden:

- Wie hoch sind die Verluste durch natürliche Schädlinge bei einer besten fachlichen Praxis?
- Wie hoch wären die Ertragsverluste bei einer besten fachlichen Praxis statt Pestizide? 20%, 10%, null oder würden sich die Erträge gar verbessern?
- Und um wieviel würden die Zivilisationserkrankungen sinken? Und deren Kosten?

Das vorhandene Datenmaterial lässt bei einer besten fachlichen Praxis auf durchschnittliche Ertragsminderung von null bis 10% schliessen, denn Ackerkulturen werden durch überflüssige Pestizide geschädigt.

Sicher ist, dass sich das Einkommen der Bauern bei einer besten fachlichen Praxis statt Pestizide verbessert. [86]

Die Agrarpolitik müsste endlich win-win-Lösungen statt Teufelskreise fördern und finanzieren:

- Eine Schädlingsversicherung
- Existenzsichernde, faire Löhne für die Bauern, bzw. ergänzende Fördergelder für den Pestizidverzicht
- Intelligente Überschuss-Kreisläufe: Unverarbeitete Nahrungsmittel-Überschüsse werden als Viehfutter zugelassen und

nicht mehr zu Agrarsprit verarbeitet. Die Umwandlung von Gemüse in Agrarsprit verlangt wohl mehr Energie als dieser hergibt. Der Import von Futtermitteln aus klimaschädigenden Produktionszonen (Waldvernichtungen) kann so reduziert werden. Stalldünger kann bei einer cleveren Verteilung (und Verarbeitung) den gesamten Kunstdünger ersetzen, statt zum umwelt- und gesundheitsschädigenden Entsorgungsproblem zu verkommen.

Ein Paradigmenwechsel ist überfällig: Ein Verzicht auf Pestizide wäre sehr einfach machbar.

Die Pestizidindustrie ist also überflüssig. Die (finanziellen) Schäden der Pestizide im Volk stehen in keinem Verhältnis zu den Schäden der natürlichen Organismen im Feld.

Es grenzt ans Unvorstellbare, dass die Produktion unserer wichtigsten Lebendgrundlage sich auf einen derart Kollisionskurs mit jeglicher Logik und Moral konzentrieren könne.

Wenn wir nicht auch unser Klima und unsere Zukunft im gleichen Ausmass und aus den gleichen Gründen zerstören würden. Nur dass der mörderische Wahnsinn in diesem Sektor immerhin schon anerkannt ist.

Die Lizenz zum Töten

Nach den Regeln der Logik und Moral sollte Pestiziden die Bewilligung verweigert werden,

- wenn wissenschaftlich korrekte Beweise für ihre ertragssteigernde Wirkung fehlen. Das betrifft die meisten Pestizide.
- wenn der „sozioökonomische Nutzen die Risiken für Mensch und Umwelt überwiegt und wenn es keine geeigneten Alternativstoffe oder -technologien gibt". (Diese WHO-Zulassungs-Richtlinien für krebsverursachende oder -verdächtige Stoffe sollte für alle toxischen Stoffe gelten). Das betrifft alle Pestizide.
- wenn sie gegen die Schadschwellen-Verordnungen verstossen. Das betrifft die präventiv eingesetzten Fungizide und die Beizmittel.

Insektizide und Fungizide sind bei den Grundnahrungsmitteln bei einer besten fachlichen Praxis überflüssig (Einzige Ausnahme: Kartoffeln, aber da ist ihre Schutzwirkung sehr schlecht). Die Unkrautbekämpfung durch Herbizide kann durch ungiftige mechanische Methoden ersetzt werden,

Der fehlende Nutzen der Pestizide
Der Einsatz von Pestiziden kann wissenschaftlich nicht begründet werden:
- Die wissenschaftlichen Beweise für die angeblich massive Bedrohung der Erträge durch wilde Lebewesen fehlen.
- Die wissenschaftlichen Beweise für die angebliche Schutzwirkung der Pestizide auf die Erträge sind ungenügend.
- Ihr wirtschaftlicher Nutzen für die Bauern ist fraglich.
- Pestizide können durch die ungefährlichen Alternativen ersetzt werden, durch bio, beste fachliche Praxis und eine Schädlingsversicherung.
- Der Sachzwang der (angeblichen) Rekordernten um jeden Preis ist nicht nachvollziehbar, die Hälfte der Grundnahrungsmittel wird nicht von Menschen gegessen.

Die Arroganz der Macht
Dennoch bewilligen die Agrarministerien die Pestizide anhand von fragwürdigen Behauptungen:
- Pestizide verbessern die Erträge.
- Pestizide töten nur Schädlinge, aber keine Menschen.

Sie suggerieren eine wissenschaftlich verbrämte Legitimierung, limitieren sich jedoch auf eine eigentliche Persiflage der wissenschaftlichen Beweisführungen, sie passen vermehrt alle wissenschaftlichen Gesetze an die Interessen der Industrie an.

1. Bio, öko und traditionell sind prinzipiell unwirksam und teuer
Wenn die wissenschaftlichen Messdaten beweisen, dass naturkompatibel rentabler und effizienter produziert, werden die Beweise abgedrängt und tabuisiert.

2. Agrarchemikalien sind prinzipiell nützlich und notwendig

Wenn die wissenschaftlichen Messdaten beweisen, dass Agrarchemikalien unwirksam, unrentabel und/oder schädigend sind, werden die Beweise abgedrängt und tabuisiert.

Fazit:

- Giftstoffe brauchen keinen Beweis ihrer Nützlichkeit.
- Und kein Beweis ihrer Schädlichkeit wird akzeptiert.
- Wissenschaftlich gültige Beweise sind irrelevant.
- Fehlende wissenschaftliche Beweise sind hingegen gültige Beweise.

Die Pestizidindustrie: Eine quersubventionierte, giftige Investmentblase

Die Pestizidindustrie kann den Nutzen ihrer Pestizide nicht nachweisen, die wissenschaftliche Beweislage für deren angebliche Schutzwirkung ist inexistent.

Die Chemieindustrie verfügt über keinerlei landwirtschaftliche Fach- und Führungskompetenz. Die Quersubventionen in Billionenhöhe ermöglichten ihr die feindliche Übernahme der Landwirtschaft, um Nahrung und Bevölkerung mit ihren unnützen Giften anzureichern, sowie das Lobbyieren der Agrarministerien und der Agronomie, um Anbausünden zu propagieren und maximale Schäden und Giftverkäufe zu etablieren. Die Krebspandemie ermöglicht der Chemieindustrie eine ideale Kundenbindung an ihre Pharmaabteilung.

Das blinde Vertrauen der Behörden in die Ehrlichkeit der stets bekennend verantwortungslosen Giftindustrien wirkt sich verheerend auf Umwelt und Bevölkerung aus.

Die Behörden müssen in vitalen Bereichen die Transparenz gewährleisten, statt allzu naheliegenden Verdachtsmomenten Vorschub zu leisten, und sie sich dem berechtigten Verdacht auszusetzen, nicht nur eine profitable Gefährdung, bzw. Massentötung der Bevölkerung wissentlich in Kauf zu nehmen.

Die theoretisch vorgesehenen Kontrollinstrumente sind völlig wirkungslos. **Es existieren keine reell funktionierenden Strukturen, Instrumente oder Instanzen, die die Implementierungen der trendigen öko-Gesetzgebungen verifizieren und forcieren könnten.**

Die Agrarwende wäre die Chance für die Agrarindustrie gewesen, zu beweisen, dass ihnen der Schutz von Bevölkerung und Umwelt wichtiger
ist als Profite um jeden Preis. Die Pestizidindustrien haben jedoch bewiesen, dass ihre Lobbyisten erfolgreich alle Gesetze zum Schutz der
Menschen sabotieren können.

Es wäre sträflich naiv zu glauben, dass dies sich je ändern würde. Ein
echter Schutz von Bevölkerung und Umwelt ist nur durchsetzbar, wenn
dieser nicht mit einer Korrumpierung der Behörden umgangen werden
kann: Ein Verbot sämtlicher Pestizide, aber auch aller anderen Gifte.

Ein derartiges Verbot ist illusionär? So wie ein AKW-Ausstieg und ein
Rauchverbot in öffentlichen Räumen?

Giftstoffe dürfen nur noch bewilligt werden, wenn der „sozioökonomische Nutzen die Risiken für Mensch und Umwelt überwiegt und wenn
es keine geeigneten Alternativstoffe oder-technologien gibt". Die hier
zitierten WHO-Richtlinien für cancerogene Stoffe sollten für alle Gifte
gelten.

Die vertuschte Krebspandemie

„Die Wahrheit ist dem Menschen zumutbar" Ingeborg Bachmann

Wir brauchen die Chemie/Gentech-Industrien, denn sie investieren viel in die Forschung, damit Krebserkrankte länger leben.
Sie wären weit effizienter, wenn sie keine krebsauslösenden Pestizide und Giftstoffe mehr verkaufen würden, denn dann würden die Menschen gar nicht an Krebs erkranken.
Aber wir brauchen doch Pestizide, denn ohne sie können wir nicht leben?
Es ist wohl eher so, dass wir mit den Pestiziden nicht leben können.

Einführung: Die behördliche Verniedlichung der Risiken
Jeder Zweite erkrankt an Krebs.
Fast 1 kg Pestizide werden jährlich für den Nahrungsbedarf eines normalen Konsumenten der Industrieländer eingesetzt. (Ein Grossteil betrifft die Fleisch- und Futtermittelimporte).
Die massiven Krebserkrankungen sind ein statistisch signifikanter Beweis, dass die Pestizidmengen und ihre Grenzwerte viel zu hoch sind.
Krebs wütet derart, dass es kaum nachvollziehbar ist, wie ein derartiges Massensterben vertuscht werden kann. Die unangreifbare Machtposition erlaubt den Ministerien, ihre Mitverantwortung mit eher irrationalen Suggestionen und Fehlbehauptungen zu verwischen: „Glyphosat... ist... weniger krebserregend als alkoholische Getränke" [87] Natürlich hat der IARC nie behauptet, dass Wein krebserregender als Glyphosat sei.
Die Klientelpolitik kann es sich leisten, das Engagement der wissenschaftlichen Gemeinde mit einigen Fehlaussagen beiseite zu fegen. Schuld an den Massenvergiftungen seien nicht die von den Administrationen bewilligten und oft gar quersubventionierten Gifte, sondern... die Opfer selber.
Jeder zweite Mensch in den Industrieländern erkrankt an Krebs. Das ist der statische Beweis, dass die Grenzwerte für Cancerogene Giftstoffe und Belastungen, insbesondere Pestizide in Nahrung viel zu hoch sind.

Die Schuld der Opfer

Schuld am Krebs seien die... Alten, bzw. die Überalterung.

Krebs sei eine natürliche, altersbedingte Todesursache.

Mit dem menschenverachtenden Zynismus einer Täter-Opfer-Rollenumkehr gelingt es den Behörden und Giftindustrien, die „unnützen Alten" im gesellschaftlichen (Unter-)Bewusstsein als Sündenböcke für die massiven Krebserkrankungen zu etablieren.

Sie unterminieren mit grösster Subtilität und Perfidie das bisher gültige Rechtsempfinden mit ihrer Hetze gegen eine machtlose Bevölkerungsgruppe: Denn schuld sind immer die Täter, nie die schlechte Selbstverteidigung ihrer Opfer.

Zudem sterben auch die Jungen, Kleinkinder sogar an Krebs: Jeder fünfte Todesfall bei Kindern war krebsverursacht. Die Pharmachemie umwirbt diese Sympathieträger und ersetzte den deutschen Namen des häufigsten Krebs bei Kindern, den Blutkrebs, durch die altgriechische Leukämie. Und Krebs heisst neu „Neubildungen", eine euphemistische Verniedlichung.

Die Behörden konzentrieren den Fokus auf die Opfer, die Täter verschwinden völlig aus dem Blickfeld, die Giftverkäufer schmücken sich dank ihrer Pharmaabteilung mit der Aura der Lebensretter. Sie verfügen sogar über ein staatlich verliehenes Monopol auf die Behandlung von Krebs: Die aktuellen Biotech-Krebstherapien kosten 100 000 Euro, obwohl sie jede Heilung präventiv ausschliessen. und lediglich eine Lebens- bzw. Leidensverlängerung versprechen. Krebsmedikamente sind ein expandierender Zukunftsmarkt. Die immensen Gewinne durch diese Goldgrube werden von den Pharmaindustrien als rettende Geldinfusionen bejubelt, die sie vor der Konkurrenz der gesunden Trends retten.

Sie besetzen unsere Wahrnehmung mit mächtigen Gefühlen und Geboten: Mitleid, Hoffnung auf innovative Therapien, Verharmlosungen und Schuldzuweisungen tabuisieren jede Diskussion über die Ursache des Leidens.

Pandemien: Panikmache und Vertuschung

Krebspandemie? Eine innovative Wortneuschöpfung? Eine überfällige.

Was ist eine Pandemie? „Pan" ist griechisch für das ganze Volk betreffend.

Allerdings ist der Krebs, der in jeder Familie tötet, im Verständnis der Gesundheitsbehörden weder eine Pandemie noch eine Epidemie, denn diese Fachbegriffe gelten angeblich nur für infektiöse Erkrankungen. Weil die alten Griechen nie an Massenvergiftungen erkrankten und starben?

Die Verursacher natürlicher Pandemien, die Viren und Bakterien, werden mit Milliardensummen für die Pharma-Chemie bekämpft.

Die Pestizid-Chemie erhält ebenfalls Milliardensummen, aber für die Verursachung einer Pandemie, nicht für deren Bekämpfung.

Die „Tsunamibewilligung"

Die Wissenschaft stempelte den cancerogenen / krebsverdächtigen Giften Warnvermerke auf.

Die Behörden verwischten den ursächlichen Zusammenhang zwischen solchen Pestiziden und den Krebserkrankungen mit einer Palette haarsträubender, wissenschaftlicher Todsünden:

Die „Tsunamibewilligung" ist ein von Beamten festgelegter Höchstwert, den ein Tsunami einzuhalten hat. Solche Berechtigungen werden auch für Gifte festgelegt, sie dürfen erst ab einer behördlich definierten Menge töten. Dummerweise halten sich aber weder die Tsunami noch die Gesundheit an diese administrativen Anordnungen.

Absurd? Jeder Zweite erkrankt an Krebs, und was sagen die Behörden? „Es sei unmöglich, dass die Gesundheit sich nicht an die behördlich festgelegten Grenzwerte für krebsverdächtige Gifte hält."

Die Wissenschaft definiert ihre Analysen anhand der Realität, niemals käme sie auf die Idee, dass sich die Realität an ihre Vorgaben zu halten habe. Und dass das Immunsystem sich an die administrativen Grenzwerte hält. Und die Erdbeben.

Die Grenzwerte der krebsverdächtigen Gifte haben sich an den Todeszahlen zu orientieren. Umgekehrt funktioniert es nicht.

Zivilisationskrankheiten sind die Folge kombinierter, niedrigdosierter Vergiftungen. Gevatter Tod ist der Chef über Leben und Tod, und nicht der Befehlsempfänger von Behörden, die sich ein Recht darüber anmassen. Wem Macht über Andere anvertraut wurde, hat Verantwortung, ein Mangel an Fachkenntnissen und -kompetenz ist keine Berechtigung für die Reglementierung von Giftstoffen.

Die Behörden ersetzen die Wissenschaft zunehmend durch eine Palette weiterer wissenschaftlichen Todsünden:

Die Kristallkugel: Die Kommas der Grenzwerte hüpfen in den Gesetzgebungen munter in der Gegend herum, auch mal von einem Tag auf den anderen um Faktor 1000 rauf oder runter. Wenn ein Koch mit dem Salz so umgehen würde, wie unsere Behörden mit den Giften, das Restaurant würde nicht einen Tag überleben. Kein Wunder ergeht es uns nicht viel besser.

Häufige Korrekturen um mehrere Kommastellen sind das präzise Gegenteil einer exakten Wissenschaft, sie sind der Beweis für Schlendrian oder Vetternwirtschaft. Die Überdosierungen basieren nicht etwa auf Nichtwissen, sie sind Programm, die Landwirtschaftsministerien passen selbst die Additionsregel an die industrielle Profitoptimierung an: Zehn verschiedene Pestizidrückstände in einer Lebensmittelprobe jeweils knapp unter den entsprechenden Grenzwerten dürfen nicht addiert werden.

Die Giftcocktails: Sie loben die verstärkende Wirkung mehrerer Pestizide im Feld, weigern sich jedoch, eine Gesamtwirkung der Pestizidrückstände in einer Lebensmittelprobe anzuerkennen.

Trotz aller Gegenbeweise der wissenschaftlichen Gemeinde, die sogar vor den synergetischen Effekten der Pestizide auch im Menschen warnt.

Pestizidkontrollen: Sie sind äusserst selten, inkriminierte Stichproben werden nicht etwa zwecks Abschreckung geahndet, im besten Fall werden sie zurückgenommen.

Ministerien für Schlachtvieh: Die Kontrolle der Lebensmittel wurde den Gesundheitsministerien entrissen und unterstehen neu den Veterinärämtern. Denn Tiere haben kaum Rechte.

Tabu Fleisch: Fleisch wird meist und prinzipiell nicht auf Pestizidrückstände kontrolliert, denn langlebige Gifte reichern sich in den Tieren an. Und da sie in Metaboliten umgewandelt werden, können sie nicht nachgewiesen werden, denn ihre chemischen Strukturen sind oft nicht bekannt, weil sie nie gesucht werden. Weil der Staat kein Geld für solche Untersuchen hat, weil er lieber die Pestizide quersubventioniert.

„Wahn ist eine unrichtige Theorie, an der trotz gegenteiliger Beweise festgehalten wird."

Die Vertuschung

Die Grenzwerte für die Pestizide wurden für die Belastungen mit einem einzigen Toxin berechnet, anhand von Experimenten mit Tieren, denen ein einziges Gift verabreicht wurde. In Wirklichkeit sind Nahrung und Wohnräume mit Hunderten von chemischen Giftstoffen angereichert. Die Belastungen mit vielen Giftstoffen verschleiern die ursächlichen Zuständigkeiten, bewirken jedoch bei jedem Zweiten eine Krebserkrankung.

Krebs ist eine giftverursachte Zivilisationserkrankung, dieser wissenschaftliche und gesellschaftliche Konsens wurde hart erkämpft. Die Krebsberichte der Gesundheitsministerien suggerieren eine verlängerte Lebenserwartung der Krebserkrankten, denn dank der Früherfassung verlängert sich die Zeit zwischen Diagnose und Tod.
Prävention wird als Frühdiagnostik definiert. Und nicht als eine Senkung der Giftbelastungen.

Die verbotene Heilung
Nicht nur die Vergiftungsgefahr wird minimiert, sondern auch die Heilungschancen: Eine solche existiert in den Krebsberichten nicht, sondern lediglich eine Lebens-, bzw. Leidens- Verlängerung.
Damit rauben die Behörden den Betroffenen jede Hoffnung, das wohl wirkungsvollste aller Heilmittel: Der Placebo-Effekt, der Glaube in die Heilung durch eine bunte Pille ohne Wirkstoffe beträgt im Schnitt 20 Prozent. Der Glaube in den unabwendbaren, schrecklichen Tod, könnte noch stärker sein. Mit ihrer *selffullfilling prophecy* verschärfen die massiv lobbyierten Behörden die von ihnen mitfinanzierte tödliche Pandemie.

Die Behörden fungieren als Verkaufsabteilungen für die im Feld wirkungslosen Pestizide der Chemieindustrien und für deren im Volk wirkungslosen Krebsmedikamente. Und sie legitimieren deren Misserfolge als unsere einzige Zukunftsoption.

Alternative Heilmethoden werden nicht etwa staatlich erforscht, sondern massiv verteufelt. Die Evaluierung der Therapien, die Erarbeitung eines „state of the art", ist die Aufgabe des Staates, desgleichen die Förderung der effizienten Heilungsmethoden. Ein Langezeitscreening wäre das wissenschaftliche Instrument, um Klarheit über die Wirksamkeit der Heilmethoden zu erlangen.

Interessanterweise scheinen Blumen, bzw. gewisse Heilpflanzen die besten Erfolge zu erzielen, sie werden aber nur bei Kindern eingesetzt. Weil Blumen billig sind, und der Tod von Kindern inakzeptabel.

Die Kurvendiskussion des Grauens

Todesstatistiken sind die letzten Zeugen von Sterben und Leid, die letzten wissenschaftlichen Beweise, dass allzu viele nicht eines natürlichen Todes starben.

Statistik muss mitnichten langweilig sein, sie kann Abgründe aufreissen, aus denen der blanke Horror nach uns schnappt...

Die Kurvendiskussion der Grossen Killer: Die Daten der Landesstatistiken präsentieren die typischen Todeskurven, sie streben regelmässig nach oben, und zeigen auf, dass die Anzahl der Todesfälle mit dem Alter stetig zunimmt. Das gilt für Herz- und Lungenversagen, Diabetes, Demenz.

Auch die Krebskurve steigt mit dem Alter, aber nicht so stetig und regelmässig, sondern mit einem deutlichen Zwischenhoch.

Die Statistik wurde entwickelt, um untypische Abweichungen von der Norm, bzw. von der statistischen Normalverteilung aufzuspüren: Die Todeskurve von Krebs weicht von den anderen Todesursachen ab, Krebs tötet früher.

Man kann die Statistiken berechnen wie man will, Krebs ist der einzige Grosse Tod, der ganz massiv unter den noch arbeitenden Menschen wütet: Jeder zweite Krebskranke ist noch nicht pensioniert.

Bei den echten Alterserkrankungen stirbt nur jeder Zehnte im erwerbsfähigen Alter, bei Krebs jeder Vierte. Die Krebskurven beginnen nach der Pensionierung abzuflachen, während die Herzversagen ansteigen. Krebs konzentriert sich auf jene, die zu wenig Zeit und Reserven für die Immunbekämpfung der Krebszellen mobilisieren können:

Jedes fünfte tote Kind starb an Krebs.

Bei den jungen Erwachsenen ist er nur noch für jeden zehnten Todesfall verantwortlich

In den Jahren vor der Pensionierung ist jeder zweite Todesfall krebsbedingt.

Danach sinkt sein Anteil, Herzversagen wird zur dominierenden Todesursache, ab 90 stirbt jeder Zweite an Herzversagen, aber nur jeder Zehnte an Krebs.

Krebs ist die einzige Haupttodesursache, die eine deutlichste Vorverlagerung aufweist, massiv unter den mittleren Jahrgängen.

Krebs widerspricht der Hypothese eines Altersgebrechens: Die meisten Menschen sterben nach 80. Aber zweidrittel der Krebsopfer waren jünger. [88-89]

Urbane Märchen

Um eine Krebsursache Alter zu propagieren, wird sogar die Genetik eingespannt: Krebs sei ein genetisch vorprogrammierter Tod, schuld seien die „Telomere".

Fachchinesische Werbemärchen sollte man nicht ohne gewisse Fachkenntnisse propagieren: Die Telomere sind die Endstücke der Chromosomen, ein genetischer Mechanismus bewirkt den Abbau der Telomere, im hohen Alter können weniger Tochterzellen gebildet werden, der Mensch stirbt an fehlenden Ersatzzellen an einem lebenswichtigen Organ, an Altersschwäche: Rien ne va plus, der natürliche, vorprogrammierte Tod.

Bei Krebs passiert jedoch präzis das Gegenteil: Krebszellen sind die einzigen Zellen, die die Sollbruchstellen ihrer Telomere überbrücken können. Weil die natürliche Ablaufgarantie bei Krebszellen nicht mehr funktioniert, sind sie die einzigen Zellen, die unsterblich sind und fast ewig weiterwuchern.

Die Telomere sind schuld an altersbedingtem Herzversagen, weil sie korrekt funktionieren. Und darum ist Herzversagen (meist) ein natürlich vorprogrammierter Alterstod.

Die Telomere sind auch schuld am Krebstod, weil sie bei Krebs nicht mehr funktionieren, darum ist Krebs die Folge einer Vergiftung.

Krebs wird von mutagenen Giften ausgelöst, sie attackieren die Erbinformationen. Normalerweise ohne Konsequenzen, das Immunsystem kann mutierte Zellen eliminieren. Entscheidend ist das Mass: Wenn der Körper mit allzu vielen Giften überschwemmt wird, kann die Abwehr die allzu vielen Krebszellen nicht mehr rechtzeitig entsorgen, sie breiten sich immer mehr aus, der Mensch erkrankt an Krebs. Bei guter Unterstützung und nicht zu schlimmer Vergiftung kann das Immunsystem die Erkrankung heilen.

Falls nicht, kommt der Tod verfrüht und langsam. Der Herzinfarkt tötet schnell und spät: Dieses Konzept des natürlichen Alterstod zeigt, dass die Natur ein möglichst humanes Sterben vorplant. Nicht die Klientelpolitik: Sie programmiert einen qualvollen Tod vor.

Pestizide haben nur ein Ziel: Zu töten, in hoher Dosis schnell, in geringer Dosis langsam.

Genetische Prädisposition

Genstörungen können auch vererbt werden. Je mehr Cancerogene im Handel, desto mehr Mutationen belasten das Genom der Bevölkerung. Diese zunehmende genetische Verseuchung ermöglicht ein lukratives Gendiagnosen-Business. Deren reale Voraussagbarkeit ist vom Wissenschaftlichen her aber so ungesichert, dass der genetische Determinismus disqualifiziert wird. Die genetische Prädisposition ist weniger entscheidend als die Umweltfaktoren. Der Stress eines Todesurteils anhand eines Gentests kann als selffulfilling prophecy wirken. Denn das Immunsystem wäre ja für die Vernichtung von Krebszellen vorprogrammiert. Die stete Abnahme von Krebsopfern im Verhältnis zu den Gesamttodeszahlen nach der Pensionierung, also bei weniger Stress, weist auf ein beträchtliches Abwehrpotential hin.

Brustkrebs-Gene erhöhen das Erkrankungsrisiko, eine Brustamputation senkt es? Um wieviel denn? Ohne diesen Eingriff ist die Wahrscheinlichkeit an Brustkrebs zu erkranken immer noch unter 10%?

Für die Pharmaindustrie ist die angebliche genetische Prädisposition der ideale Sündenbock, den sie für die äusserst mässigen Erfolge ihrer Therapien verantwortlich machen kann. Bei den neuen Gentech-Krebstherapien überlebt nur jeder Zwölfte, also schlechter als der Placebo-Effekt.

Die Warnschilder der Killer

Können Pestizide Krebs auslösen? Was sagt die wissenschaftliche Beweislage?

Tausende von Tierversuchen und Datenmaterial von Menschen über Jahrzehnte bestätigten, je höher die Pestizidbelastung, desto höher die Krebsrate. Anhand dieser wissenschaftlichen Beweise stellte die Medizin die internationalen Risikoklassen für die Cancerogenität von Giftstoffen auf.

Um ganz sicher zu gehen, dass ein ursächlicher Zusammenhang besteht, können Beweisführungen auch falsifiziert werden, man versucht Beweise zu finden, dass die gegenteilige Behauptung stimmt: Wenn Krebs tatsächlich eine natürliche Krankheit wäre, dann könnte Krebs auch ohne Gifte töten.

Das macht er aber nicht, Untersuchungen in chemiefreien Gebieten konnten nur bei Minenarbeitern, Suchtmittelmissbrauch oder bei der sehr hohen UV-Belastung der Hochgebirge Krebserkrankungen finden, nur bei unnatürlich hohen natürlichen Belastungen also.

Auch in den Labors gilt, ohne Vergiftung keine Krebserkrankung: Nur mit Giften oder Strahlungen behandelte Versuchstiere entwickeln Krebs.

Die Todesstatistiken zeigen ja zudem auf, dass Krebs viel früher tötet als die anderen Haupttodesursachen. Krebs wird von bestimmten Viren oder Genen ausgelöst? Die meisten der Infizierten oder genetisch Prädisponierten erkranken nicht, sie haben lediglich ein erhöhtes Risiko.

Der Beweis, dass Krebserkrankungen ohne krebserregende Belastungen auftreten können, fehlt. Der Beweis, dass krebserregende Gifte Krebs auslösen können, wurde bisher tausendfach erbracht. Also wurde jeder Krebs von einer solchen Vergiftung ausgelöst.

Tabak kann töten, diese Warnung steht auf jeder Zigarettenschachtel. **Pestizide können auch töten, die Warnungen stehen auf fast allen Pestizidverpackungen. Aber nicht auf den Lebensmitteln, die mit diesen Giften angereichert wurden. Denn anders als beim Tabak können die Behörden bei den Pestiziden (und bei den AKWs) einen angeblich überlebenswichtigen Sachzwang herbeikonstruieren, um sie zu subventionieren.**

Die Agrarministerien verniedlichen die Pestizide neu als Pflanzen-„Schutz"-Mittel, die Gesundheitsbehörden nennen sie neu Biozide, Lebenstöter.

Natürlich müssen weitere Zivilisationskrankheiten den Giftindustrien angelastet werden, deren cancerogenen Gifte limitieren sich zudem nicht auf den Nahrungsmittelsektor.

Die Serienkiller-Garantie

Die Krebspandemie und ihre Tabuisierung, Verharmlosung, Verniedlichung und Verdrängung kostet weltweit ca. 10 Millionen Menschen das Leben. Jedes Jahr.

Das sind ungefähr so viele wie sämtliche Infektionskrankheiten zusammengezählt: Tuberkulose, Lungenentzündung, Malaria, Cholera, Typhus, Ruhr, Aids, Covid...

Die extrem hohen Mengen an krebsverdächtigen oder -auslösenden Giftstoffen im Umlauf und die extrem hohen Krebsraten korrelieren äusserst signifikant.

Das ist der wissenschaftliche Beweis, dass die Cancerogen-Belastungen viel zu hoch sind.

Und der Beweis, dass die Rückstände der krebsverursachenden, bzw. krebsverdächtigen Pestizide viel zu hoch sind. Denn Pestizide machen einen Grossteil der Einnahme von krebsverdächtigen Giften aus: Fleischessende Bewohner der Industrieländer verbrauchen ungefähr ein Kilo Pestizide pro Jahr. Ihre Rückstände in der Nahrung sind die Hauptverdächtigen an den massiven Krebserkrankungen.

Offiziell töten die eingesetzten Unmengen an krebsverdächtige Pestizide nicht. Die Ausreden der verantwortlichen Ministerien entbehren jeglicher Logik und Moral.

Diese gezielte, äusserst lukrative, organisierte Massentötung von mehreren Millionen Menschen jährlich ist das wohl tödlichste und erfolgreichste Tabu in der Geschichte der Menschheit.

Tabak wird von der WHO für ungefähr einen Viertel der Krebstode verantwortlich gemacht. Die Pestizid/Chemie und AKW-Industrien mussten ein derartiges Verdikt gegen ihre krebserregenden Stoffe abblocken.

Sie können unmöglich mitverantwortlich am Krebs sein? Dafür bürgt schon ihr Leumund:

Diese Giftindustrien konnten bisher stets den Schutz der Bevölkerung vor ihren Giften als Wettbewerbsverzerrung ablehnen. Ihre Uneinsichtigkeit garantiert weitere Gefährdungsabsichten.

Intermezzo: Der Billionen-Businessplan

Wenn Pestizide nichts nützen und nicht rentieren, warum werden sie dann bewilligt und verkauft?

Die Chemiegifte wirken nicht im Feld, wohl aber im Volk:

Moderne Krebstherapien kosten 100 000 Euro. Ca. 20 Millionen Menschen erkranken jedes Jahr an Krebs. Die industriellen Krebstherapien streben Richtung Billionenumsatz.

Kein Wunder bewirkt diese Investmentstrategie eine blinde Euphorie. Die Heilerfolge sind sehr gering, das ermöglicht den Verkauf mehrerer Therapien pro Patient, allerdings können sich viele keine solchen Therapien bezahlen. Die Investoren können ihre so erwirtschafteten Gewinne dann in die letzte Hoffnung der hyperteuren, innovativ-experimentellen Krebstherapie für sich selbst oder für ihre Liebsten reinvestieren. Die ausbezahlten Gelder fliessen mit hoher Wahrscheinlichkeit wieder in die Firmen zurück, ein höllisch cleverer Businessplan.

Das tödliche Tabu eines organisierten Verbrechens

Im Unterschied zu den wissenschaftlichen Beweisführungen, zählen in der kriminalistischen auch die Motive. Wozu brauchen wir die Pestizide? Für Rekordernten. Damit auch die protzigsten Autos den Weizen hochsubventioniert mitverheizen.

Dass die Regierungen der wissenschaftlichen Gemeinde den Einblick in die Bewilligungsunterlagen verweigern, beweist ihren Willen zur Missachtung sämtlicher demokratischen und wissenschaftlichen Regeln und Gesetze. Krebserregende, aber nutzlose Substanzen würden niemals die Bewilligungen erhalten, dürften ehrliche und fähige Experten die Beurteilungen des Beweismaterials durchführen.

Was ist der Unterschied zwischen einem Giftmord und Millionen von Giftmorden?

Was ist der Unterschied zwischen Genoziden und Kollateralschäden mit Millionen von grausam aber lukrativ getöteten Opfern?

Morde sind in der juristischen Definition im Voraus geplant und sie sind profitabel.

Aber Pestizide töten nicht gezielte Personen? Auch beim Terrorismus werden die Opfer nach dem Zufallsprinzip getötet, und genau das erhöht das Bedrohungspotential.

Arglistige Täuschung für die Rechtfertigung und Finanzierung eines Massenmordes gilt juristisch als Beihilfe. Und Beihilfe bei Mord heisst immer juristische Mitverantwortung. Und Haft(-ung).

Die (Land-) Wirtschaftsministerien bieten den Garant für eine profitable Eskalation der Krebspandemie.

Die lukrative, pseudowissenschaftlich verbrämte Inszenierung einer sinnlosen Massenvergiftung muss nicht nur in die Diskussionen einfliessen, sondern auch in die Gerichtshöfe.

Die Behörden engagieren sich vehement und offensichtlich mit einer geradezu schockierenden kriminellen Energie, Phantasie und Engagement einzig für die Profite einer professionellen Generalvergiftung. Und ihr Arbeitgeber, das Volk? Das wird solange geopfert, bis es sich erfolgreich genug wehrt.

Wir können uns nicht wehren? Wir müssen, wir haben keine andere Wahl. Die oder wir.

Die Lösungen wären simpel: Transparenz, Rechenschaft und Haft für Beihilfe an Massenmord.

Und ein Verbot aller Giftstoffe. Wenn keine ungiftigen Alternativen zur Verfügung stehen, finanzieren die Staaten die Forschung und erhalten eine Gewinnbeteiligung an den Verkäufen.

Fazit: Kranke Kinder für fette Autos

In Europa ist bereits jedes dritte Kind chronisch krank, in den USA jedes zweite.

Die Zielsetzungen und Prioritäten der Agrarpolitik: Fette Autos und kranke Kinder. Und hungernde.

Wir finanzieren eine Politik, deren Kerngeschäft es ist, den ganzen Planeten in einen lukrativen Mülleimer zu verwandeln.

Die ersten Pestizide waren Kampfgase, die Hunderttausend Soldaten dermassen bestialisch töteten, dass sie doch tatsächlich verboten wurden, für Soldaten. Im folgenden Weltkrieg wurden sie weit intensiver eingesetzt, aber nur gegen Zivilisten. Und nun werden sogar die Lebensmittel damit angereichert, und die Todeszahlen erhöhen sich erneut um Faktor zehn.

Die systematische, lukrative Vergiftung der Bevölkerung wird als Kavaliersdelikt verniedlicht bzw. verdrängt, denn sie eröffnet Abgründe einer auf Bösartigkeit ausgerichteten Politik.

Die Tabuisierung der tödlichen Vergiftung von Millionen jährlich garantiert eine weitere Eskalation dieser allzu lukrativen Businessstrategie: Nicht nur die Ausweitung der Aushungerungsstrategien auf lukrativere Kundensegmente, sondern v.a. die ultimative Bedrohung: Die menschheitsbedrohende Klimadestabilisierung.

„If you want to see an endangered species, get up and look in the mirror." John Young, Apollo-Astronaut

Endlagerstätte Konsument - der Pakt mit dem Teufel

Der vergiftete Apfel
„Und die böse, neidische Königin reichte Schneewittchen einen saftigen Apfel. Nachdem das Mädchen vertrauensvoll in die vergiftete Frucht gebissen hatte, fiel es leblos zu Boden."
Als ob die alten Märchen die Zukunft voraussahen. Oder vielleicht war das ja schon immer so? Gifte ebneten schon immer den Machtgierigen den Weg zur Herrschaft. Nur dass die Borgias es nicht gleich auf die gesamte Menschheit abgesehen hatten.
Zivilisationserkrankungen sind keine Kalamitäten, sondern Vergiftungsfolgen.
Die Pestizid-Industrie tötet nicht nur die bösen Blumen und Schmetterlinge, sondern auch Menschen, Millionen gar, jedes Jahr. Die rentabelste Strategie der Chemieindustrien ist die Kundenbindung an die Pharmachemie.

Tomaten auf den Augen
Auf den Augen des jungen Mädchens auf den Plastiktüten einer deutschen Pestizidindustrie liegen – Tomaten.
Sie können es sich leisten. Das denken sie über ihre Kunden.
Weil wir glauben, dass wir ohne Pestizide nicht leben können?
Pro Person und Jahr wird ungefähr 1 kg Pestizide verbraucht. (Ein Grossteil davon in Übersee für die Fleischproduktion).
Das ist krank. Das macht krank. Von diesem 1 kg Pestizide in der Stärke von Arsen oder Zyankali darf über 99% nicht in der Nahrung verbleiben, denn das wäre tödlich.
Jeder zweite Mensch erkrankt an Krebs, es kommen noch weitere Zivilisationserkrankungen dazu.
Die angeblich ertragssteigernde Wirkung der Pestizide wird zwar suggeriert, aber nicht ausformuliert oder gar bewiesen.

„Chemo" statt bio?
Warum kaufen die Mütter pestizidangereichertes Essen für ihre Kinder?
Wenn sie ihre Kinder nicht schützen, dann tut es niemand.

Bio oder nicht bio ist eine Frage des Überlebens. Normales, pestizidangereichertes Essen ist ein allzu oft tödlicher Pakt mit dem Teufel: Pestizide töten nicht nur die Insekten und Blumen, auch die Menschen.

Ohne Pestizide wären die Lebensmittel zu teuer? Früher konnten wir uns gesundes Essen noch leisten? Aber heute nicht mehr, wir leben in der reichsten Hochkultur, die je existierte, und können uns den Luxusartikel Gesundheit nicht leisten?

Weil wir wichtigere Prioritäten haben als gesunde Kinder? Wir investieren lieber in trendige Konsumgüter als in unsere Gesundheit?

Die Financiers und Entscheidungsträger im Nahrungssektor sind die Konsumenten, wenn die Normalverdiener, die sich Gesundheit und Gerechtigkeit durchaus leisten können, das auch tun, und bio und fair kaufen, dann wird gesundes Essen für Alle erschwinglich. Bio ist primär teurer, weil die gehandelten Mengen kleiner sind, die Produktion selber ist meist nicht viel teurer, mit der natürlichen Landwirtschaft ist sie sogar günstiger.

Unser Planet wäre ein Garten Eden, wenn wir ihn und uns selber nicht teuer und sinnlos vergiften würden.

Sterben für protzige Autos und billigem Sprit?

Aber wir brauchen doch die Pestizide, um den Hungernden zu helfen? Den hungernden Autos? Die angeblichen Mehrerträge durch Pestizide könnte man durch etwas weniger potente Autos ersetzen, damit Krebs nicht in jeder Familie tötet.

Kleinere Autos statt kranke oder verhungernde Kinder – werden die Zusammenhänge logisch betrachtet, scheint unser Verhalten surreal.

Sparen beim Sprit? Die meisten Autobesitzer legen Wert darauf, dass ihr Gefährt schick aussieht, und es wird tunlich gepflegt. Das ist alles etwas teuer, irgendwo muss gespart werden: Beim Sprit, da wird nur der billigste gekauft. Und wenn dann das Auto zusammenbricht, fangen die Besitzer an zu schimpfen und ziehen über den Hersteller her. Und all das Geld, das sie mit dem billigen Sprit gespart haben, bringen sie dann zum Reparateur, und dann fluchen sie natürlich über die teuren Garagen. Und am Schluss zahlen sie vor lauter Sparen ein Vielfaches vom eingesparten Geld.

Oh, sorry! – da hat sich ein kleiner Fehler eingeschlichen. Nicht das Auto bekommt den billigsten Sprit, so dumm ist ja keiner, das Auto bekommt nur gute Qualität: Reines Biosprit-Öl. Das Hyperbillig-Öl aus den Raffinerien, das essen die Autobesitzer, denn Autos würden stehenbleiben, wenn ihre Leitungen von solchen Billig-Chemikaliencoctails angegriffen würden.

Die billig-Öl-Konsumenten brechen allerdings ebenfalls zusammen, müssen in das Spital, fluchen über den Hersteller (Gott) und den Reparateur (Arzt), und am Schluss kostet das ganze Sparen ein Vielfaches des eingesparten Geldes. Aber glücklicherweise zahlt das ja die Krankenkassen.

Aber die Schmerzen, die bleiben privat.

Intermezzo:
Sagt das Säulein zum Söhnlein: „Was möchtest du mal werden?" Das Söhnlein: „Ey! Wurst!!"

Gesunde Ernährung
Sich gesund zu ernähren ist einfach: Nur Lebensmittel aus der biologischen Landwirtschaft. Sie sind mit einem bio-Label gekennzeichnet, sowie dem Vermerk „biologische Landwirtschaft", „biologisch produziert" (englisch: „organic agriculture"), Demeter ist ebenfalls ein bio-Label.
Bezeichnungen wie natürlich, ökologisch, gesund etc. ohne das bio-Label sind Mogelpackungen, die ihre Pestizidbelastung übertünchen wollen. Leider ist auch die Bezeichnung „Bio" manchmal irreführend, die Biotech/Gentech reizt die Irreführungsmöglichkeiten schamlos aus.
Als Faustregel gilt: Je länger und unverständlicher die Zutatenliste, desto fragwürdiger das Produkt.
Die Lebensmittelchemie bietet geschmackslose Industrie-Agrarprodukte mit Geschmacksverstärkern, Ersatz-, Konservierungs-, Farbstoffen und Enzymen an.
Vegan ist ein Trend, der sehr gut ist für das Klima und das Karma. Auf die Dauer kommt es ohne entsprechende Präparate jedoch zu einem gefährlichen Vitamin B12-Mangel, auch Vegetarier sollten alle paar Jahre ihren Vit-B12-Pegel messen.

Um die verheerende Fleischlastigkeit der Gewohnheit und der Kantinen aufzubrechen, bietet sich das Rotationsprinzip an: Gerades Datum vegetarisch, ungerades mit Fleisch. Oder ein Tag vegan, ein Tag vegetarisch mit Milchprodukten, ein Tag mit Fleisch oder Fisch.

Low-carb statt böse Kohlenhydrate? Um einen bescheidenen Fleischverbrauch oder gar vegan zu kontern, verteufelt die Mastindustrie unser Grundnahrungsmittel Getreide. Gifte reichern sich im Laufe der Nahrungskette an, Fleisch wird jedoch prinzipiell nicht auf Pestizide untersucht. Getreide hat prozentual halb so viele Proteine wie Fleisch.

Chemische Beistoffe und die industrielle Schnell/Billig-Herstellung von Brot sind wohl die Hauptursachen der zunehmend verbreiteten Getreideallergien. Sauerteig ist besser verdaulich als Hefe, unsere Vorfahren wussten schon, wie man sich nicht krank isst.

Wer bei einer gesunden Ernährung geizt, ist ein äusserst unbegabter Investor.

Bio ist zu teuer? Bio selber zubereiten ist auch mit einem sehr mageren Budget möglich.

Verschwendung ist vermeidbar: Statt Essensreste in den Abfall zu werfen, können sie zu einem leckeren Superschnell-Süppchen veredelt werden, viele Suppen waren früher Resten-Verwertungen, die berühmte Minestrone wird umso köstlicher, je länger sie gekocht wird.

Diese einfache Umstellung genügt für gesunde Menschen, Umwelt und Klima.

Die Hölle auf Erden braucht ihre Financiers, aber die leben nicht gesund.

Die Strukturen der Verantwortungslosigkeit

„… die Bürger demokratischer Gesellschaften sollten Kurse für geistige Selbstverteidigung besuchen, um sich gegen Manipulation und Kontrolle wehren zu können…" Noam Chomsky

Die Banalität des Bösen

1962 rüttelte das Buch *silent spring*, stiller Frühling von Rachel Carson die Menschheit auf. Die wilden Revolten der 68er fanden ihren Niederschlag in den institutionellen Märschen der Grünen gegen die Auswüchse der Industrie, Ökobesorgnis war der blinden Euphorie gewichen.

Die Herzen der Städter sehnten sich nach der guten alten Zeit des Klatschmohns, der Schmetterlinge und der süssen Lämmer auf den bunten Wiesen. Die traditionelle, giftfreie, Landwirtschaft hatte ihr Comeback: Die bio-Landwirtschaft begann aufzublühen.

Die Pestizidkonzerne mussten diese Bedürfnisse abwenden, sie akquirieren die mächtigsten Werbeagenturen: Die Agrarministerien.

Die wissenschaftliche Gemeinde hatte ihre Pflicht getan, ihre Fachpublikationen bewiesen die Unsinnigkeit der Pestizide und der Zivilisationserkrankungen. Aber es existiert keine Instanz, die eine korrekte Umsetzung dieser Erkenntnisse einfordern kann.

Im Gegenteil, die Agrarministerien konnten mit ihren urbanen Märchen die Natur als böse und das Volk für dumm verkaufen. Ihre Prioritäten gelten der Protektion und Rettung einer technisch unfähigen, giftigen Investmentblase, die in der freien Marktwirtschaft mangels nachweisbaren Erfolgen bereits pleite gegangen wäre. Die Pestizidindustrien investieren Millionen in das Lobbying der Schlüsselpositionen in den Agrarministerien und den Parlamenten, um damit Quersubventionen in Billionenhöhe einzukaufen.

Diese Geldmengen würden genügen, um die Menschheit gesund und genügend zu ernähren. Die Agrarpolitik finanziert jedoch lieber Zivilisationskrankheiten und Hungersnöte, Billigstlöhne und Millionenboni.

Der „vergessene" Schutz der Bevölkerung

Gefährdeten Menschen nicht zu helfen ist im Strassenverkehr verboten und strafbar. Dieser Schutzauftrag gilt nicht für unsere Behörden.

Die Gefährdung von Gesundheit oder Leben der Menschen wird vom Gesetz weder verboten noch bestraft. (Ausser bei Rasern)

Aber die Behörden engagieren sich doch für den Schutz der Bevölkerung, sie propagieren Krebsforschung und Früherkennung? Aber sie „vergessen" die bei weitem billigere und erfolgreichere Methode: Das Vermeiden unnötiger Gifte, bio statt Chemo.

Die Behörden schützen die Gesundheit vor gefährliche Viren: Sie schliessen die Bevölkerung ein. Sie könnten die Giftindustrien schliessen, um die Gesundheit der Bevölkerung schützen.

Die Prioritäten der Politik sind nur allzu offensichtlich: Lieber Millionen von Krebstoten jedes Jahr als ein paar Milliarden Verluste für die Grossindustrien.

Die Menschen gefährden ihre Gesundheit freiwillig? Die Behörden deklarieren die Gifte falsch, auf den Pestizidverpackungen werden die Risiken zwar erwähnt, nicht aber auf den damit behandelten Lebensmitteln. In der Medizin müssen Patienten informiert werden über die Risiken, denen sie sich bei einem Eingriff aussetzen, und sie müssen ihr Einverständnis dazu geben.

Das Vorsorgeprinzip der Behörden verhindert ein solches, unter Prävention verstehen sie einzig die präventive Verhinderung eines gesetzlichen Schutzes.

Die Aufsichtsbehörden über die Sicherheit unserer Lebensmittel unterstehen keinerlei funktionierenden Kontrollbehörden.

Nahrungsmittel müssen billig produziert werden? Die Krankenkassenprämien sind bereits teurer als die Nahrung. Dass engagierten Bürgergruppen das Klagerecht verweigert wird, zeigt den Stellenwert der Menschen auf: Sie werden zu Kanonenfutter für Investmentrendite degradiert.

Eine behördlich subventionierte Massentötung der eigenen Bevölkerung durch sinnlose Gifte ist ein Novum in der Geschichte der Menschheit.

Das Blinde Vertrauen in die Giftchemie
Die Bevölkerung glaubt, dass die Lebensmittel ungefährlich seien.
Die Aufklärung beendet die Ära der päpstlichen Dekrete und Glaubens-
anweisungen, unsere Bewilligungsbehörden beharren auf den Rückfall
in den blinden Glauben an die Weisen in den weissen Laborkitteln: Sie
delegieren die Gesundheit der Konsumenten an die Selbstkontrolle der
Giftindustrien.
Ist verantwortungsvolles Handeln lernbar? Da gab es eine Firma, die auf
die tolle Idee kam, Rattengift mit Erdnüssen zu parfümieren. Pech für
noch nicht lesekundige Kleinkinder.
Intelligenz oder Moral hat man, oder man hat sie eben nicht: Dummheit
und Herzlosigkeit sind nicht therapierbar. Bei Menschen spricht die Justiz, bzw. die Forensik gefährlichen Wiederholungstätern eine Besse-
rungsfähigkeit ab. Die Behörden verfahren mit den einschlägig vorbestraften, bekennend verantwortungslosen Giftindustrien genau umgekehrt: Diese müssen nur selbstdesignte Experimente ohne gravierende
Schädigungen vorweisen, um die Bewilligungen für den Verkauf ihre
Gifte zu erhalten. Erkranken die Menschen an den Pestizidrückständen
in der Nahrung, ist der Giftverkäufer haftungsbefreit und von Schadenersatzansprüchen geschützt.
**Dass Täter aufgrund von selbsterstellten Beweisen freigesprochen
werden, verstösst gegen die Rechtsprechung. Dieses fragwürdige Privileg garantiert, dass die Giftindustrien keinerlei Motivation für eine
Senkung der Giftbelastungen sehen.**
**Die Behörden gewähren den gefährlichsten Branchen (und sich selbst)
eine Generalimmunität, die Parlamentariern und Diplomaten vorbe-
halten ist: Den Schutz vor Rechenschaft und Haftung.**
Sogar in jenen seltenen Fällen, bei denen ein Verantwortlichkeit klar zu-
geordnet werden konnte. Als in Bhopal, Indien, Tausende durch den In-
dustrieunfall getötet, und Hunderttausende invalid wurden, verkam die
Entschädigung der Opfer zu einem Alptraum der moralischen Unzurechnungsfähigkeit. Desgleichen die Schäden bei Asbest, Contergan, Vioxx. Vioxx wurde weiterverkauft, solange die Einnahmen aus seinem
Weiterverkauf höher waren als die Kosten für die Anwaltsphalanxen.

Die urbanen Mythen

Das Feld der hysterischen Hypochonder
Pestizide sind Heldenmythen, die das Licht des Tages scheuen.
Schuld an den hohen Krankenkassenkosten sind die alten Damen, sie
rennen bei jedem Wehwehchen zum Arzt, sagen die Pharmalobbyisten.
Auf dem Acker jedoch müssen die Bauern präventiv alles todspritzen,
was nicht bestellt wurde. Die Agronomen und Administrationen ent-
mündigen die Bauern zu Paranoikern, die sich präventiv in teure Gift-
wolken einhüllen, lange bevor auch nur eine Spur eines feindlichen Kä-
ferchens sichtbar ist oder eine bedrohliche Angriffswelle durch feindliche Blumen.
**Die Agrarministerien definieren, wovor wir Angst haben dürfen, und
vor wem nicht: Die Natur sei gefährlich, Wildpflanzen, Insekten und
Pilze versuchen unsere Ernten zu zerstören und uns auszuhungern.
Wer jedoch Angst vor Giften hat, deren einziger Zweck das Töten ist,
wird als Hysteriker verspottet.**
**Sie schreiben uns auch vor, wer geschützt werden muss: Weder Nach-
tigallen, noch Blumen oder Bienen, oder schon gar nicht unsere Kinder. Die müssen wir den Profiten der Giftindustrien opfern.**
**Die den Feldern jene maximalen Überdosen an Giften verordnen, die
die gerade noch verkraften. Aber wir nicht.**

Junkies: Wer einmal zur Spritze greift, bleibt dran hängen
Die hemmungslose Giftbelastung von Mensch und Umwelt durch die
Grossindustrien gilt heutzutage als eine vorsintflutliche und rückstän
dige Fehlplanung. Sie entspricht dem Zeitgeist zu Beginn der industriellen Revolution, als rauchende Schlote völlig ungehemmt die Arbeiter-
quartiere einnebeln durften.
In der Lebensmittelproduktion ist dieses Produktionskonzept aber immer noch vorherrschend.
Pestizide sind Pflanzen-„schutz"-mittel?
Der moderne Bauer pflügt oder striegelt Unkräuter nicht etwa maschi-
nell und schnell weg, er spritzt Herbizide. Allerdings sind sie für alle

Pflanzen giftig, sie schwächen die Immunkraft der Ackerpflanzen und fördern den Insektenbefall. [90]

Blattläuse lieben Zucker, der sogenannte Luxuskonsum von zu viel Kunstdünger zwingt das Getreide, im Übermass Zucker herzustellen und auszuscheiden. . [91] Also spritzt der Bauer Insektizide, bzw. Acarizide.

Aber Blattläuse können als Jungfrauen gebären, sie werden schon mit ihren ersten Babys im Bauch geboren, eine erfolgreiche Bekämpfung ist schwierig.

Die Frasslöcher der Insekten sind ideale Eingangstore für die Pilze. Also spritzt der Bauer Fungizide.

Auch Viren und Bakterien dringen durch die Frasslöcher ein. Also spritzt der Bauer …?

Nicht nur Befälle werden durch Herbizide gefördert, auch die Nährstoffversorgung kann leiden, Glyphosat z.B. kann die Stickstofffixierung bei Soja hemmen. [12] Denn es ist ein Breitband-Antibiotikum, das bewirkt, dass sogar harmlose Pflanzenbakterien zu einem grossen Problem werden können.

Zudem können Herbizide bei wiederholter Anwendung derart schnell von Mikroorganismen abgebaut werden, dass sie für die Unkrautbekämpfung unwirksam werden. Denn natürlich werden simple Moleküle von den gar nicht so dummen Schädlingen ausgetrickst. Speziell berüchtigt ist das seltsame Sexualverhalten von Pilzen und Bakterien: Deren zärtliche Vereinigungen dienen nicht etwa wie bei uns dem Kindermachen, primitive Lebensformen brauchen dafür keinen Partner, das machen sie ganz alleine. Sex dient bei ihnen nur für den Austausch von Genen, z.B. von Resistenzgenen gegen Pestizide.

Schädlinge entwickeln immer Resistenzen gegen die Pestizide. Wir nicht.

Mad Max

Pestizide funktionieren nicht sehr lange: Die benutzten Pestizidmengen haben sich in den letzten 50 Jahren verdreissigfacht, deren Toxizität hat sich bis zu verhundertfacht – und die landwirtschaftlichen Schäden haben sich verdoppelt.

Anfangs der sechziger Jahre konnte die WHO in Indien die Malaria-Er-krankungen dank dem Pestizid DDT auf 50 000 Betroffene senken. Heutzutage erkranken jedoch über 50 Millionen.

Gifteinsätze gegen Bakterien, Insekten, Pilze und grössere Tiere funkti-onieren nach dem tabula rasa-Prinzip: Alles platt machen. Mit den Bö-sen sterben die Guten auch gleich mit, eine tote Wüste. Und wie bei Mad Max sind es nicht unbedingt die Lieben, die sich breit machen.

Dass eine einzige Art die Alleinherrschaft an sich reissen kann, ist selten; zerstörerische Raubzüge gar brauchen immer die Hilfe eines mächtigen Verbündeten: Homo sapiens. Und seine Giftarsenale, Kettensägen, Schleppnetze und andere Massenvernichtungstechnologien. In einigen Baumwollgebieten sind die Gewässer dermassen mit Pestiziden ange-reichert, dass dort nur noch pestizidresistente Anopheles-Steckmücken leben.

Eine reichhaltig gegliederte Kulturlandschaft ermöglicht jene Bio-diversität, bei der die Pflanzenfresser durch ihre natürlichen Feinde kontrolliert werden, gratis und ohne jeden Arbeitsaufwand.

Beim Mad-Max-Effekt sind die Überlebenden des Massakers gefährli-cher als die ursprünglichen Feinde. Insektizide töten auch die soge-nannten Kontrolleure, Prädatoren wie die Laufkäfer, die sich von den pflanzenfressenden Schädlingen ernähren, oder Parasiten.

Raubtiere sind sogenannte t-Strategen, sie sind später geschlechtsreif und haben weniger Nachkommen als die r-strategischen Vegetarier mit ihren frühreifen Kinderscharen.

Die Zusammensetzung der natürliche Lebensgemeinschaft Acker wirkt als ausgleichender Puffer: Die internen Kriege unter und zwischen In-sekten, Nematoden, Pilzen, Bakterien und der restlichen Mikrofauna verhindern die Monopolstellung einer Art, Pestizide fördern sie. Die Zerstörung der natürlichen Feinde hat gerade in der Baumwoll- und Ap-fel-Produktion zum Ausbruch ganzer Listen unterschiedlicher Schader-reger geführt.

Die staatlichen Meliorationen eliminierten alle „unproduktiven" Ge-hölze und Tümpel, und damit den Gratisschutz der Biodiversität, Rie-sengebiete werden zum wahren Paradies der resistenten Super-Schäd-linge.

Die Rückkehr der Killer

Die Gesundheitsbehörden der USA wiesen Schweizer Bündnerfleisch zurück, wegen zu hohen DDT-Belastungen. Unmöglich!? DDT war schon sehr lange in Europa verboten. Nun, das Fleisch wurde aus Südamerika importiert, veredelt und z.T. exportiert.

Der internationale Handel offenbart die Kontrolllücken.

DDT galt jahrzehntelang als harmlos für Säuger. Dann verboten die US-Behörden diesen „ungiftigen" Blockbuster, denn er gefährde ihr Wappentier, den Adler. Nun liegen die Beweise vor, dass Frauen, die vor dreissig Jahren höhere DDT-Anteile, (bzw. seinen Metaboliten DDA) im Blut hatten, vermehrt an Krebs erkrankten. Die Behörden wussten vermutlich, dass DDT krebserregend ist, und verboten es, in ihren Ländern. Und importieren massiv Lebensmittel aus Ländern, in denen DDT nie verboten wurden.

Die Pestizid-Strategie ist ein klassischer Teufelskreis ohne Ausweg: Das Pestizid Malathion wird zur grossflächigen Bekämpfung von Mosquitos eingesetzt, sogar in nicht-Malaria-Gebieten. Obwohl Mosquitos meist Malathion-resistent sind, bei Bienen, Wildbienen und andere Bestäuber hingegen sind die Verluste drastisch genug, um den armen Bauern Ernteeinbrüche bei insektenbestäubten Pflanzen zu bescheren. Um besagte Malaria-Resistenzen zu umgehen, finanzieren die internationalen Institutionen in den armen Ländern den Einsatz des fast überall verbotenen, krebserregenden DDT.

Das so doch noch auf den Tellern in den Industrieländern landet.

Invasive Pflanzen

Laut den Behörden wird die Natur von einem neuen, gefährlichen Feind bedroht: Den bösen invasiven Blumen. Zum Glück helfe die Pestizidindustrie gerne gegen diese Übeltäter.

Den Krieg gegen die grüne Kaiserin hat sie allerdings bereits verloren: Die gefürchtete Imperata besitzt in den Tropen zig Millionen Hektaren, sie beugt sich keinem Herbizid, sie greift um sich, sie kann nicht gestoppt werden. Nicht mit Giften.

Gegen eine Hacke kann sie sich nicht wehren, aber welcher Bauer bekämpft Unkräuter noch mechanisch statt chemisch? Nur die armen

Bauern, für deren Vieh ist die wuchskräftige Futterpflanze ein Segen. Die Imperata ist der kleine grüne Robin Hood, sie stiehlt die Felder der Reichen, und bedeckt sie anfangs noch mit Gratisfutter, und dann blockiert sie nachhaltig jede industrielle Landwirtschaft. Sie kann nur mit natur- und sozialverträglichen Methoden vertrieben werden: Eine Landreform, die eine sorgfältige Pflege durch kleinere Besitzer erlaubt, Hacken oder Pflügen, Agroforestry oder Wiederbewaldung.

Eingewanderte Pflanzen sind in Wirklichkeit kaum je ein echtes Problem, sie dienen eher der Naturschutz-Imagepflege der Behörden und der Chemiekonglomerate: Um die Natur zu schützen, müsse sie mit Herbiziden vergiftet werden.

Invasive Pflanzen machen sich in Wirklichkeit nur da breit, wo der Mensch die Natur zuerst zerstörte, danach aber doch kein Interesse hatte, die Flächen zu nutzen. Dann kommen sie, die aggressiven Invasoren und erfreuen die Herzen der Menschen mit ihren oft wunderschönen (Impatiens bulbifera) oder heilenden (Solidago canadensis) Blumen. Wenn der Mensch nicht eingreift, werden sie von nachwachsenden Bäumen überschattet und verdrängt.

Die Natur bringt alles wieder ins Lot, wenn sie darf: Die Killeralge, die das ganze Mittelmeer zu überwuchern drohte, verschwand eines Jahres von alleine, und all die Biotechspezialisten, die sie doch bekämpfen wollten, wissen nicht mal warum.

Wes Geistes Kind: Ypern – Immerwahr
Wozu brauchen wir die Agrarindustrie?
Eine kleine, bitterböse Einführung in die Geschichte unserer modernen Düngemittel und Pestizide.
Die Macht der Agrarindustrie beruht ursprünglich auf der kriegsentscheidenden Tarnung von Massenvernichtungswaffen. Kunstdünger und Pestizide sind ein Recyclingprodukte der... Kriegsindustrie.
Die ersten Spuren unserer modernen Mineraldünger tauchen in den sagenumworbenen Wurfgeschossen der Byzantiner auf: Das griechische Feuer hatte die verheerende Eigenschaft, dass es kaum löschbar war.
Die Rezeptur war ein streng gehütetes Geheimnis, das erst Jahrhunderte später durch ihre Todfeinde, die Araber, publiziert wurde, die es

dann allerdings ebenfalls einsetzten: Eine Mischung mit der Geheimingredienz Salpeter. Über die Alchimisten fand es dann im 17. Jh. den Weg in die Bergbau-Sprengungen. Eine weitere Spur kommt aus dem alten China. Das Schwarzpulver, Salpeter mit etwas Schwefel und Kohle, das am Kaiserhof noch als Feuerwerk die Sinne erfreute, verwandelte sich in den Gewehren der Europäer zum Vernichter sämtlicher anderen Kulturen.

Die friedliche Nutzung des Salpeters als Düngemittel hatte seinen Durchbruch erst Ende des 19. Jh. als es in Chile unter blutigen Revolten gross abgebaut und in alle Welt exportiert wurde. Anfangs des ersten Weltkrieges verboten die Alliierten dem deutschen Kaiser den Import, da es ja auch zur Herstellung von Bomben dienen konnte. Zum Glück entwickelten aber 1910 Haber und Bosch die Materialisierung von synthetischem Ammoniak aus Luftstickstoff. Die Herstellung des neuen offiziellen Kartoffeldüngers zur Ernährung der Bevölkerung entfaltete sich explosionsartig, als der deutsche Kaiser sein Munitionsproblem mit dem Ammonium-Nitrat lösen konnte.

Und da gleichzeitig auch chemische Insektenvertilgungsmittel zum Schutz gegen den Kartoffelkäfer gebraucht wurden, entwickelte Haber die Kampfgase Chlorgas, ein Abfallprodukt aus der besagten Salpeter-, Dünger- bzw. Sprengstoffherstellung, sowie Phosgen und Senfgas. Der qualvollste Tod von 100 000 Soldaten bescherte ihm nicht nur die Anklage als Kriegskrimineller, 1919 erhielt er die weltberühmte Auszeichnung vom Erfinder des TNT, Herr Nobel Nein, nicht den Friedens-Nobelpreis. Vom Selbstmord seiner weichherzigen Ehefrau Clara Immerwahr (!) mit seiner eigenen Dienstwaffe nach dem ersten erfolgreichen Giftgas-Massaker 1915 liess sich Haber nicht beirren. Er machte seine nächste Erfindung: Das Zyklon B der faschistischen Vernichtungslager.
Im zweiten Weltkrieg bestand der Sprengstoff der deutschen V1 und V2 Bomber, die u.a. London angriffen, aus einer Mischung von Ammonium-Nitrat (genau, der Haber-Bosch-Dünger) und TNT (genau, der Sprengstoff aus dem Hause Nobel). Und der Treibstoff bestand aus... Kartoffel-Ethanol.
Der eigentliche Durchbruch der chemischen Todesstoffe erfolgte allerdings mit dem DDT, sein Erfinder, eine neutrale Schweizer Firma, legte

den Grundstein ihres Erfolgs mit dessen Verkauf an die Nazis. Ein Gift gegen... den Kartoffelkäfer. 1948 erhielt sie ebenfalls einen Nobelpreis. Nein, immer noch kein...

1942 wurde das 2.4-D entwickelt, das als Agent Orange berühmt, das noch heute Ungeborene verstümmelt, und nun dank Gentech mit einem Revival droht.

Nach den Kriegen wandte sich die Stickstoff-Industrie wieder der pazifistischen Seite zu: Die Stickstoffdüngungen explodierten, die USA bringen das bis zu 20-fache jener Mengen aus, die vor dem ersten Weltkrieg noch als sinnvoll angesehen wurden.

Die Giftchemie-Industrie, die wohl gewieftesten Waffenhändler in zwei Weltkriegen und weiteren Kriegen, dämonisierten einst die Nachbarvölker, nun verteufeln sie die Natur, um die Nahrungsproduktion für eine lukrative Giftanreicherung zu nutzen.

Und die Moral der Geschichte? Dass die Agrarindustrie nie eine hatte. Und wird nie eine haben: Denn wenn sie eine hätte, wäre sie pleite. Denn Töten ist ihre Kernkompetenz.[92-93]

Ihre seltsamen Affinitäten zeigen sich auch in Friedenszeiten: Arsen, ein tödliches Gift, avancierte zum gängigen Vornamen, u.a. des berühmten Meisterdiebes Arsen Lupin, die äusserst suchterregende Droge Heroin wurde zur Heldin erkoren, die Gentech bejubelte den erfolgreichen Einbau des Luziferase-Gens in Schweinen, die Firma Monsanto erkor die Gemeinde Creve-Coeur („Herz-verrecke") zum Sitz ihrer europäischen Niederlassungen. Eine teuflische Tradition: Die Bretton-Woods-Wirtschaftsabteilungen der UNO konstituierten sich einst ausgerechnet am Fusse des Mount Deception, des Berges des Betrugs.

Provokation oder doch ein ehrliches Bekenntnis?

„Non-cooperation with evil is a sacred duty."
"You assist an unjust administration most effectively by obeying its orders and decrees. An evil administration never deserves such allegiance. Allegiance to it means partaking of the evil. A good person will resist an evil system with his whole soul." Mahatma Gandhi

Die Dämonisierung von Natur und Kultur

Paranoia Pommes und Killer-Kekse
Aber die Behörden engagieren sich doch vehement gegen Giftstoffe!
Nur nicht gegen die industriellen Gifte.
Sondern gegen die angeblich lebensgefährlich knackigen Pommes und
Röschtis.
Tatsächlich wurden die synthetischen Poly-Acrylamide, die bei der Ab-
wasserbehandlung, Papier- und Zementherstellung eingesetzt werden,
als krebserzeugend klassifiziert. Sind nun die lecker knackig gebratenen
„cross" Chips genauso gefährlich wie die Industriegifte? Ob
Mikrogramm oder Milligramm, die Behörden nehmen es mit den Verboten und Warnungen nicht so präzis.
Resultat: Die Pommes sind nun blass und fetttriefend, und wirklich ge-
sundheitlich bedenklich.
Es folgte die raffiniert eingefädelte Weihnachtspanik vor den Zimtster-
nen: Hysterische Mütter und Tanten, die Weihnachten mit dem Nach-
zählen verbringen, welches Kind denn wie viele der Killer-Kekse gegessen hat. Denn nur vier davon seien ungiftig? Die offiziellen Grenzwerte
liegen bei über vier Kilogramm Zimtsterne pro Kind und Tag. Die Inder
essen Zimt seit Jahrtausenden, und leiden seither an chronischer Bevöl-
kerungsexplosion, ein empirischer Beweis, dass ihre Nahrungsmittel in
Ordnung sind. Interessanterweise kam der Christkindlalarm ausgerechnet aus einem Pharmalabor: Denn Zimt hilft bei der Verdauung, und
kann so eine Altersdiabetes mildern. Astronomisch hohe Cumarin-Do-
sen, die in der Zimtform unmöglich heruntergewürgt werden können,
hatten bei einigen Testpersonen eine problemlos heilbare Gelbsucht
verursacht. Cumarin ist auch ein synthetisches Produkt, ob das inkriminierte Cumarin aus dem Labor stammt oder ob es aus natürlichen Quellen extrahiert wurde, ist Geschäftsgeheimnis.
Unsere Lebensmittelkontrolleure vergällten ausgerechnet das christli-
che Fest der Liebe und der Familie, um Natur und Kultur als giftig und
gefährlich zu diskreditieren. -
Nun wird das Acrylamid im Kaffee inkriminiert, seine Pestizidbelastungen aber weiterhin ignoriert.

Die staatlichen Fehldeklarationen

„Bio"-sprit? Warum ist der pestizidgetränkte Gentechmais der Agrartreibstoffe plötzlich „bio"? Weil der geschützte Begriff „biologisch produziert", nur für Lebensmittel gilt, nicht aber für Treibstoffe?

Die Behörden mutierten zu Koryphäen des Greenwash: „Natürliche Aromen" ist die amtliche Definition für u.a. manipulierte Schimmelpilze, die nach Pfirsichen riechen oder faulenden Sägespänen mit Bakterienkulturen in den Geschmacksvarianten Erdbeere oder Vanille.

Warum definiert der Gesetzeshüter solche Ekelpakete ausgerechnet als „natürliche Aromen"? Und warum nicht einfach und simpel als „Aromen"? Weil Schimmelpilze, Sägespäne und Bakterien natürliche Wesen sind. Aromen, die aus Erdöl hergestellt werden, heissen im Gegensatz dazu „naturidentische Aromen". Alle Aromen sind Mogelpackungen, die vom Gesetzgeber selbst höchst unlauter geschönt werden. Echter Vanille-Geschmack wird als Vanille deklariert, echter Rosenduft als Rosenöl, andere echte Düfte als Essenzen.

Glutamat-Geschmacksverstärker haben einen schlechten Ruf? Es kommt in einen Hefeextrakt und wird als Hefeextrakt deklariert. Eingriffe in Lebensmittel wie Bestrahlungen, Nanotechnologie, Gentech-Enzyme werden schon gar nicht deklariert.

Das Immunsystem versucht stets, Gifte abzuwehren, da es Industriegifte aber nicht kennt, sind Irrtümer vorprogrammiert. Pollen sind unter dem Mikroskop oft dermassen mit Luftschadstoffen verdreckt, dass die Biologen sie nicht mehr identifizieren können, die Ursache der Überreaktion bei Pollenallergikern? Industrieller Weizen enthält zu viele Pestizide, so dass seine Unverträglichkeit als Gluten-Allergie deklariert wird?

An den Allergien schuld ist immer die Natur, aber nie Pestizide, chemische Geschmacksverstärker, Farbstoffe, Aromen, Konservierungsmittel oder sonstige industrielle Verunreinigungen.

Die Behörden dienen zunehmend einem amtlich legitimierten Schutz der Industriegifte und einer Irreführung der Konsumenten.

Die gefährlichen Nutz- und Heilpflanzen

Die Risikowahrnehmung der Bewilligungsbehörden konzentriert sich auf natürliche Organismen. Und auf das traditionelle Wissen.

Ein Paradefall der seltsamen Sicherheitsprämissen ist die Stevia. Dieses Pflänzlein schützt sich mit Süsse vor ihren Frassfeinden. Menschen jedoch benutzen sie als fast kalorienfreien Zuckerersatz.

Stevia durfte jahrzehntelang nicht als Zuckerersatzstoff verkauft werden, denn ein übermächtiger chemischer Zuckerersatz-Gigant warnte vor der angeblichen Gefahr dieser Pflanze. Und schon wurde ihr Verkauf präventiv verboten, im Gegensatz zum Süssstoff des Giganten, der chronisch Schadensersatzklagen abwehren muss. Als dann ein Getränkegigant lieber einen trendig-natürlichen Süssstoff statt den umstrittenen synthetischen wollte, wurde Stevia legalisiert.

Die Verbots- und Bewilligungspraxis der Ministerien ist entlarvend:

- Natürliche und traditionelle Stoffe dürfen verboten werden, obwohl keine Vergiftungsfälle bekannt sind und keine wissenschaftlichen Beweise ihrer Gefährlichkeit existieren, eine Verbotsaufforderung durch einen Konzern mit einem konkurrierenden Produkt genügt.
- Synthetische Giftstoffe dürfen nicht einmal verboten werden, wenn die UNO anhand von Hunderten von wissenschaftlichen Untersuchungen eine massive Gefährdung nachweist und ein Verbot einfordert.

Trotz Bibliotheken an Beweisen streiten die Behörden jeden Zusammenhang zwischen den Pestiziden und den Zivilisationserkrankungen ab: Krebs, Allergien, Asthma, Parkinson, Abnahme der Fruchtbarkeit, Immunitätsprobleme, vorgeburtliche Entwicklungsstörungen…

Beim Asbest genügten Tausende von Sterbenden nicht für ein Asbestverbot. Auch nicht die Fotos der Lungenkrebsgeschwüre, die die Asbestfasern einzupacken versuchten, um die Dauerverletzungen zu stoppen. Nach Tausenden von Toten gelang es zwar den Gerichten, den Verkauf von Asbest zu verbieten, die Strafen konnten via Verjährungsfristen jedoch annulliert werden. Die zuständigen Bewilligungsbehörden kamen natürlich nie vor ein Gericht.

Entscheidungskriterium für Verbote oder Bewilligungen ist einzig die Finanzkraft: Die Volksheilkunde steht unter Generalverdacht, die Regierungen verweigern selbst Heilpflanzen die Bewilligung, bei denen nach jahrhundertelangen Anwendungen keine Hinweise auf mögliche Gefahren vorliegen *(z.B. Tussilago farfara)*. Die Wirksubstanzen der meisten modernen Medikamente werden aus Heilpflanzen extrahiert. Die grossen Pharmakonzerne können problemlos Millionen in die Bewilligungen investieren. Heilpflanzen scheitern zunehmend an den Bewilligungskosten, ein Schicksal, das nun auch dem Saatgut blüht.

Heilpflanzen retten seit Jahrhunderten Menschen, Nahrungspflanzen ernähren sie. Aber sie wachsen gratis. Und haben darum keine Lobby und keine Milliardenbudgets. Die giftigen Pestizide hingegen sind ein Milliardenbusiness.

Das Erfahrungswissen von Natur und Kultur.

Die Natur sei gefährlich, ganze Dörfer fielen den Mutterkornvergiftungen zu Opfer?

Auch Geschichte ist eine Wissenschaft, die sich auf Beweise abstützt, und nicht auf Horrormärchen. Die einzige verlässliche Beschreibung einer derartigen Massvergiftung in einer Chronik macht nicht etwa die Natur als Katastrophenursache verantwortlich: Sie berichtet, dass Soldaten die Bäcker unter Todesandrohung zwangen, stinkendes Mehl zu Brot zu backen. Resultat: Antoniusfeuer, mit mehreren Toten, aufgrund der Beschreibung des Mehls handelt es sich um tödliche Bakteriengifte, und nicht um Mutterkorn.

Die Zunge wurde weniger als Genussorgan konzipiert, vielmehr dient sie seit Jahrmillionen als hochpräzises Instrument für Nahrungsanalysen. Abgesehen von einigen wenigen Giftpilzen und beim Fugo-Fisch reagiert sie bei Gefahr immer mit einem Abscheu- und Speireflex.

Unser Analyselabor Zunge kann sogar präzise die Heil- von der Giftdosis unterscheiden: Sauerklee enthält viel Oxalsäure, kleine Mengen davon sind lebenswichtig, grössere schädlich: Die ersten paar Sauerklees schmecken säuerlich und köstlich, aber bereits ein halbes Dutzend Pflänzlein später greift bereits der Ausspeireflex. Diese Fähigkeit der exakten Dosierungen ist überlebenswichtig: Pflanzen wehren sich mit Giften gegen Frassfeinde, die Pflanzenfresser mussten bei ihren Giftanalysen mithalten können, sonst starben sie aus. Der Globetrotter homo sapiens verfügt über eine sehr effiziente Warnanlage.

Bei industriellen Produkten wird der Geschmack von Verdorbenem jedoch durch die Unmengen an synthetischen Geschmacksstoffen überdeckt.

Der Blockbuster der Chemieindustrie ist das Penicillin, ein Schimmelpilz: Nur auf pestizidfreiem bio-Sauerteigbrot wächst dieser früher durchaus bekannte Lebensretter. Schon die Keltinnen nahmen bei der Hochzeit eine grün-staubige Brotscheibe mit in ihren neuen Hausstand, um ihn in einer speziellen Tischschublade weiter zu züchten.

Später verbot die „al-chimistische", auf chemische Stoffe ausgerichtete Inquisition das Volkswissen der biologischen Medikamente als Hexerei. Arsen, Quecksilber und andere Giftstoffe erlebten eine, wenn auch sehr kurze, Hochblüte als Wunderheilmittel. Die chemische Industrie konnte nun ein Remake dieses elitären Wissensmonopols forcieren: Sie schmückt sich mit den fremden Federn des traditionellen, empirischen Erfahrungswissen, gleichzeitig degradiert sie das Volk, die Bauern und Heiler zu tumben Ignoranten.

Die Monopolisierung der Lebensressourcen

Das Bauernopfer – die Entmündigung der echten Experten des Feldes

Glückliche Kühe geben mehr Milch, das Wohl der Natur ist nicht nur das Wohl der Kunden. Sondern auch das Wohl der Bauern.

Patentlösungen Bauernsterben und Millionenboni – der Putsch der Fachkompetenz

Die Agrarpolitik verordnet die Patentlösung Bauernsterben. Wir können uns angeblich unsere Ernährer nicht leisten. Denn wir müssen ja die Millionenboni für die Manager der Agrarchemie bezahlen, und die akademischen Agronomen für die Beratung der Bauern.

Der Ökonomie erging es kaum besser als der Ökologie: Auch sie wurde unter pseudo-ökonomischen Vorwänden dem Schutz der Agrarindustrie geopfert.

Wozu brauchen Bauern Berater?

Investoren, die keine Ahnung von Investments haben, brauchen Berater.

Mechaniker, Köche, Schreiner hingegen brauchen keine Berater. Auch die Bauern haben ihr Handwerk gelernt, dank ihrer Praxiserfahrung verstehen sie von der äussert komplexen Landwirtschaft weit mehr als die Schreibtischexperten.

Die Profitstrategien von Bauern und Agrarindustrie sind genau entgegengesetzt.

Das Ziel der Agrarpolitik und der Agrarforschung ist nicht eine gesunde und genügende Ernährung der Bevölkerung, ein gutes Einkommen für die Bauern oder der Schutz der Umwelt. Sondern einzig die agrarindustrielle Profitoptimierung. Nur aus diesem Grunde rechtfertigen sie die Strategien Bauernopfer und Giftendlager Mensch und Umwelt.

Die Politik forderte, dass die Bauern von Milch auf Mast umstellen, und nun sorgen die neuen Freihandelsabkommen dafür, dass die Billigst-Fleisch-Importe aus Südamerika die Bauern genauso ruinieren, wie das Amazonas-Abfackeln das Klima. Die Überproduktion in der Tiermast bewirkt seit langem stürzende Milch/Mast-Preise, die mit den Export-Subventionen zugunsten der grossen Nahrungskonzerne bekämpft werden.

Man könnte doch diese Subventionen den Bauern geben, damit die mit weniger Mais, Milch und Mast endlich genug verdienen. Dann gäbe es kein Bienensterben mehr, kein Bauernsterben und kein Konsumentensterben. Einzig die Industrien würden nicht davon profitieren.

Die kleinen Heuschrecken und die Grossen
Wer Angst vor Pferden hat, wird nie ein Rennen gewinnen.
Wer die Natur fürchtet, hat keinen grünen Daumen. Sondern Probleme.
Die Grossen Heuschrecken der Agrarindustrie wollen uns vor den kleinen Heuschrecken schützen?
Die Big Player kommen, um für immer zu bleiben. Es sind die Bauern, die gehen müssen. Tausende von ruinierten Bauern nehmen sich in den Industrieländern jedes Jahr das Leben, Hundertausende in den ärmeren Ländern. Der Dank unserer Gesellschaft an jene, die ihr Leben lang chrampften wie keine Anderen, um uns zu ernähren.
Die Chemo-Taktik entreisst den Bauern die Kontrolle über die Nahrungsproduktion: Der einzige echte Mangel der Landwirtschaft ist die fehlende Wertschätzung der echten Experten des Feldes.
Seit den 50er Jahren fiel der Verdienstanteil der Bauern am Ladenpreis von 44% auf unter 20%. [94]
Ihre wirtschaftliche Unabhängigkeit wird weltweit via Dumpingpreise, Kreditfallen, Landgrabbing und Biopiraterie-Patenten enteignet.
Der Sinn der Agronomie besteht darin, das optimale Gratis-Knowhow der Facharbeiter, den Bauern, durch teure Gifte zu ersetzen.
Agronomen und Agrarbusiness sind das industrielle Surrogat der Bauern, es gelang ihnen, die einstigen Herren des Feldes zu entmachten, mit den innovativen Technologien schwingen sie sich gar zu Herren der Schöpfung auf.

Hunger ist keine Kalamität, Hunger ist ein Business

„Earth provides enough food to satisfy every man's need, but not enough for every man's greed."
"Die Erde hat genug für jedermanns Bedürfnisse, aber nicht genug für jedermanns Gier." (Mahatma Gandhi)

Einführung: Die grossen Heuschrecken der Hungerpolitik

Das neue Jahrtausend begrüsst unsere Konsumgesellschaft mit einem nie erträumten Lebensstandard. Aber nicht für alle.

Jede dritte Sekunde verhungert ein Mensch. Eine solch gigantische Hungersnot hat dieser Planet noch nie erlebt. Auch wenn das in den reichen Ländern meist sehr erfolgreich verdrängt wird.

Welches sind die Ursachen des Hungers?

Die Natur sei geizig und gefährlich und gönne uns das Überleben nicht – sagt die Agrarindustrie. Darum brauchen wir ihren Kunstdünger und ihre Pestizide, um dann den Weizen zu verheizen

Kleinere Autos wären eine billigere, gesündere, humanere und effizientere Lösung.

Wir haben nur Probleme, weil die Politik alle Lösungen den bisherigen Problemverursachern anvertraut.

Verhungern vor überquellenden Töpfen?

Wozu brauchen wir die Agrarchemie? Weil die Bauern zu wenig Nahrung produzieren?

Weltweit produziert die Landwirtschaft ca. 2,6 Milliarden Tonnen Getreide, dazu noch Kartoffeln, Zucker, Ölsaaten und Hülsenfrüchte: Diese Grundnahrungsmittel ergeben alleine schon über 4500 kcal pro Mensch und Tag. Der offizielle tägliche Bedarf beträgt 2300 kcal.

Die Landwirtschaft produziert weit mehr Nahrung, als die Menschen überhaupt essen könnten.

Nicht weiter erstaunlich, dass auch die FAO bestätigt, dass der Planet problemlos 12 Milliarden Menschen ernähren kann.

Wie ist das möglich? Weil bei den obigen Zahlen das Fleisch, der Zuchtfisch und der Agrarsprit fehlen. Zählen wir diese dazu, – dann kommen wir nur noch auf ca. die Hälfte.

Es hat genug für Alle. Aber die Masttiere und Autos der Bewohner der reichen Industrieländer dürfen zuerst fressen.

Lebensmittel produzieren heisst nicht, sie selber essen dürfen: In Indien, einem grossen Weizenexporteur für Europa, ist jedes zweite Kind mangelernährt. In Brasilien, dem grösste Sojaexporteur weltweit, ist jeder fünfte Mensch unterernährt, die Autos fahren u.a. mit Zuckerohrethanol. Drei von vier unterernährten Kindern leben in Ländern mit Nahrungsmittelüberschüssen. Die Hälfte des Fleisches in den Industrieländern und ein Grossteil des Kraftfutters stammen aus den armen Ländern. Mindestens zwei Drittel des gerodeten Landes weltweit dient der Viehzucht.

Die FAO warnt vor Umweltschäden durch Intensivmast, ihr ungehemmtes Wachstum schädigt das Klima. Wir legen uns nicht nur moralisch, sondern auch real mit dem Himmel an.

Überbevölkerung - die „Malthus-Excuse" der Hungerpolitik
„Stellen Sie die richtigen Fragen…"
Probleme können nur gelöst werden, wenn die echten Engpässe erkannt werden: Welche Ressource ist ungenügend?
Die Agrarlobbyisten beschwören die alte Überbevölkerungstheorie von Malthus, und die angeblich zu knappen Ressourcen eines überforderten Planeten.
Simple Ursachen, simple Lösungen? Die Armen hungern, weil sie überbevölkert sind?
Holland, Schweiz, Benelux, Singapur sind die am dichtesten besiedelten Länder der Welt. Und die reichsten. Die Mehrheit der reichen Industrieländer sind überbevölkerte Nahrungsimporteure.
Die Agrarpolitik beschwört eine stetig wachsende Bevölkerung, trotz einer global drastisch zunehmenden Unfruchtbarkeit. Eine freiwillige Familienplanung ist jedoch in vielen Regionen nach wie vor sinnvoll, Rechtlosigkeit und Unterdrückung bewirken Elend und Armut, Ausbildung und Selbstbestimmung ermöglichen den Frauen, nicht mehr Kinder zu gebären, als sie es selber wünschen.

Landverteilung
„Wir haben zu wenig Land, um die Anbauflächen auszuweiten und eine stetig wachsende Bevölkerung zu ernähren".
Die Bevölkerung wächst, aber das Ackerland nicht, darum müsse das verfügbare Ackerland intensiver genutzt werden, mit Kunstdünger, Pestiziden und künstlicher Bewässerung?

Das Ackerland werde benutzt und sei beschränkt? Nun, das erstaunt aber jeden Weltenbummler, auch die FAO widerspricht: Das Gros des Ackerlandes wird nur periodisch benutzt. Von den weltweit 1,4 Milliarden Hektaren ackerfähiges Land gelten nur 0,13 Milliarden Hektar als Dauerflächen. Warum wird fruchtbares Land nicht für die Ernährung von Menschen genutzt? In 83 Ländern kontrollieren 3% der Grundbesitzer 80% des Landes. Die Grossgrundbesitzer verfügen zudem über die besten Böden.

Ackerland ist nur begrenzt, weil ganz wenige fast alles besitzen.
Und sie benutzen es kaum.
Das Problem ist nicht das angeblich mangelnde Ackerland, es ist der blockierte Zugang dazu. Die meisten Hungernden leben in ländlichen Regionen, Bauer- und Landarbeiterfamilien (ver-)hungern, weil sie kein oder zu wenig Land haben. Bzw. sie es nicht mehr haben, weil es dem boomenden Landgrabbing oder den Subprime-Krediten für agrarindustrielle Produkte die feindliche Übernahme der Ressource Land gelang.

Die Armen brauchen nicht die Hilfe der Industrien, sie brauchen die wichtigste aller Produktionsressourcen: Sie brauchen Land. Sie brauchen eine gerechte Landreform.

Geldverteilung
Es hätte genug Nahrungsmittel für alle Menschen.
Allerdings verbraucht ein Viertel der Weltbevölkerung dreiviertel der landwirtschaftlichen Produktion.
Die Armen sterben nicht, weil das Essen fehlt, es hat genug. Sie sterben, weil ihnen das Geld zum Kaufen der Nahrung fehlt. Milliarden von Menschen haben weniger als einen Dollar pro Tag zum Überleben zur Verfügung.

Und es wird nur noch schlimmer: Ein Grossteil der Weltbevölkerung ist jung und hat keinerlei Aussicht auf eine Arbeit. Was soll nur aus ihnen werden?

Gleichzeitig aber konzentriert sich 50% des globalen Reichtums auf ca. 50 ökonomische Gruppen, Individuen oder Banken. Die ungerechte Verteilung trifft alle Länder: Wenige Prozent der Bevölkerung besitzen die Mehrheit des Landes.

Diese geradezu abstrakte Verteilung der Geldmittel beeinflusst auch die Landwirtschaft: Die Industriestaaten subventionieren ihre Landwirtschaft mit einer halben Billion Euro pro Jahr, das entspricht dem Wert der Weltgetreideernte.

Der einzige Mangelfaktor ist die Moral: Die weltweiten Rüstungskosten betragen weit über eine Billion Euro pro Jahr. Das entspricht in etwa der Gesamtsumme der Schulden der armen Länder. Und in etwa den Investmentsummen der Finanzindustrie pro Tag. Nach den Berechnungen der Kirchen haben die Entwicklungsländer ihre gesamten Schulden schon mehrfach abgestottert.

Die kaschierten Ertragsbilanzen

„Wir brauchen die Hocherträge der Biotech/Gentech-Industrie, um die Menschheit ernähren zu können."

Zufälligerweise fehlen die Beweise für diese Behauptung. Seit bald mal einem Jahrhundert.

Publikationen der Erträge sind in der Agronomie so rar wie Sechser im Lotto. Die Agronomen messen lieber die Wasserleitfähigkeit oder Kohlenstoffanteile der Böden, oder andere nur begrenzt aussagefähige Parameter, die relevantesten und am einfachsten erfassbaren Werte, die Erträge fehlen fast durchgängig. Die Agronomen verkomplizieren ihre Messungen, um ungünstige Resultate zu verschleiern.

Nicht nur sie.

Die Produktionsmengen sind die Basis der Agrarspekulationen, darum werden sie auch publiziert, allerdings oft in antiken Masseinheiten: Nicht nur in Tonnen pro Hektare, sondern auch in Büschel oder Pfunde pro Morgen (acre). Soja, Mais und Weizen werden z. B. in den Berichten der US-Behörden in Büscheln gerechnet, Erdnüsschen und Baumwolle in Pfunde oder Ballen. Die Büschel können jedoch nicht so einfach in Tonnen umgerechnet werden, da das Gewicht der Büschel je nach Ackerfrucht unterschiedlich schwer ist. Um jede wissenschaftliche Ordnungsliebe und Logik ad absurdum zu führen, wiegt verblüffender weise das Büschel Weizen mehr als das Büschel Mais.

In Europa werden alle Ackerfrüchte in simplen Tonnen pro Hektare angegeben.

Die „innovative Biotech" weigert sich im Atomzeitalter, ihre Erträge in modernen, international vergleichbare Masseinheiten anzugeben, und klammert sich an ein Sammelsurium komplizierter Masssysteme aus dem Mittelalter. Haben dieses antiquierte Bilanzsystem etwas zu verbergen? Die US-Erträge können erst nach einigen Umrechnungsrecherchen mit den Erträgen der Restwelt verglichen werden. Notabene, in Asien und Europa wurde bereits im Mittelalter die Vereinheitlichung der Masseinheiten durchgeführt.

Werden die Erträge pro Hektare und Jahr miteinander verglichen, ergibt sich ein völlig anderes Bild der landwirtschaftlichen Leistungen:

Die Jahreserträge des Gentech-Leader USA sind im weltweiten Vergleich schlecht.

Und das legitimiert die US-Führungsrolle in der Hungerhilfe?

Beim Grundnahrungsmittel Winterweizen erntet Europa fast das Doppelte pro Jahr und Hektare, desgleichen bei Roggen, Hafer, Gerste.

Natürlich ist die Intransparenz der Erfolgsbilanzen noch weit komplexer, die publizierten Erträge beziehen sich auf die Ackerfrucht, und nicht auf einen vergleichbaren Zeitraum: Die Industrieländer ernten einmal pro Jahr, die tropischen Länder jedoch bis zu dreimal pro Jahr.

Um ihre doch äusserst peinlichen Erfolgsbilanzen nachhaltig zu verschleiern, präsentiert die USA neu fast nur noch Gesamtgetreideerträge, mit diesem Trick präsentiert sich der Maisproduzent USA im internationalen Vergleich nicht mehr als Schlusslicht.

Die Kernkompetenz der Agrarindustrie ist das Kaschieren ihrer landwirtschaftlichen Misserfolge.

Aber die Erträge haben sich doch dank dem agronomischen Fortschritt massiv verbessert? Auch das ist primär ein messtechnisches Artefakt: Noch vor hundert Jahren war das Getreide höher als die Menschen, die klassischen Züchtungen entwickelten die heutigen Zwergsorten mit ihren höheren Kornerträgen. Und geringen Stroherträgen. Seither dient ein Drittel der Äcker dem Anbau von Mastfutter, um das Futterstroh zu ersetzen.

Ohne die Pestizide wäre der Hunger noch schlimmer? Die Hälfte aller Insektizide wird für die Baumwollerzeugung eingesetzt, und ein weiterer Grossteil in die Futtermittel Mais und Soja.

Überproduktion: Dysfunktionale Wirrtschaft
Der Agrarsektor beklagt seit Jahrzehnten eine Überproduktion, die die die Preise manchmal gar unter die Produktionskosten drückt. Um diese preiszerstörenden Überkapazitäten abzubauen, wird die Nahrungsvernichtung durch die Mast und neu durch die Mobilität massiv subventioniert.
Wenn Menschen trotz Überproduktion verhungern, sei die Agrarpolitik nicht zuständig für die Fehlregulationen?
Hunger ist kein landwirtschaftliches Problem.
Hunger ist ein wirtschaftliches Problem.
Bzw. ein handelspolitisches
Hungersnöte während einer Überproduktion bedeuten, dass Politik und Wirtschaft unfähig sind, die Nahrungsmittel intelligent zu verteilen. Oder unwillig.
Jede dritte Sekunde stirbt ein Mensch an Hunger. Trotz einer globalen Überproduktion. Denn die Masttiere und Autos der Reicheren fressen zuerst.
Der Tatbeweis eines fehlenden Gewissens.
Der dadurch verursachte „Nahrungsmangel" ist die einzige Legitimierung der Pestizidanreicherung der Nahrung. Und der Krebspandemie.

Simple Problemanalysen – simple Lösungen
Die Menschen verhungern nicht, weil die Natur bösartig wäre.
Hunger ist auf einem so fruchtbaren Planeten wie dem unseren und einer Spezies so intelligent wie unsere eigentlich unmöglich. Hunger wird selten durch natürliche Kalamitäten ausgelöst, sondern meist durch menschliche Katastrophen wie Kriege und Ausbeutung.

Die grossen Hungersnöte Europas waren die Folge des (hundertjähri-
gen) Krieges oder anderer Machtkämpfe um Herrschaftsbereiche und
Handelswege. Die irische Hungersnot von 1845/46 brach nach der er-
zwungenen Umstellung der Ernährungsbasis vom ertragssicheren Getreide auf eine Monokultur der hyperanfälligen Kartoffeln durch die
englischen Besatzer aus. In den Anden werden zig verschiedene Kartoffelsorten angebaut, sowie Quinoa oder Amaranth.
Die Kolonialmächte exportierten nun diese Destabilisierungs- und Aus-
hungerungsstrategie.

Intermezzo: Die Hungerhilfe von Jekyll and Hyde

Dr. Jekyll
„Wir müssen den armen Afrikanern helfen, sich endlich selbständig zu
ernähren. Sie haben sonst ja nur sooo viele Kinder und dazu noch AIDS
oder Ebola. Wir sind moralisch verpflichtet, ihnen zu erklären, wie sie
es machen müssen, damit sie nicht andauernd verhungern."
Es ist ja so lieb vom weissen Mann, dass er endlich seine Verantwortung
wahrnimmt, und den armen Afrikanern erklärt, wie man in ihren heissen Ländern erfolgreich Landwirtschaft betreibt.

Und Mr. Hyde
„Zuerst werden den Kleinbauern Subprime-Kredite für Hochertragssorten, Kunstdünger und Pestizide vergeben, damit die Bauern sich ver-
schulden. Dann pumpt man superbillige, eigene, hochsubventionierte
Nahrungsmittel ins Land, zu Dumpingpreisen, so dass die Bauern ihre
Ernten nicht mehr zu selbsttragenden Preisen verkaufen können. Falls
die Regierungen die Billigimporte nicht freiwillig zulassen, pumpen die
fürsorglichen Entwicklungshilfen der reichen Staaten so lange Lebens-
mittelhilfe in den Schwarzmarkt rein, bis die Preise ruiniert sind. Auf
diese Weise können die Bauern ihre Zinsverpflichtungen nicht mehr erfüllen, und sind sie dann erfolgreich bankrott, verlieren sie ihr Land an
die Grossgrundbesitzer, die Exportgüter für die Spenderstaaten statt
Grundnahrungsmittel herstellen.

Danach wird das Land synthetisch ausgehungert, indem man die Weltmarktpreise durch eine künstliche Nahrungsverknappung in die Höhe treibt, z.B. indem man das Getreide als Ethanol verbraucht. Wenn alles klappt, essen die verzweifelten Bauern ihr letztes Saatgut. Man hat das gut vorbereitet, indem man ihnen beizeiten das neue Gratis-Super-Saatgut versprochen hat, das aber nicht wieder ausgesät werden kann oder darf.

Sicherheitshalber hat man dazu noch potentielle Kritiker geblendet, indem man sich öffentlich gegen Gentech und Hybriden und für bio-Mist aussprach und so einige anerkannte NGOs vor den Karren spannen konnte. Diese aufwändige Subprime-Strategie wurde durch das elegantere Landgrabbing ersetzt: Die Lokalelite wird gekauft, die Bauern mit Waffengewalt von ihrem Land vertrieben.

Wenn die Konkurrenz der freien Bauern eliminiert, können endlich die Nahrungsmittelpreise weltweit in Rekordhöhen hinaufspekuliert werden. Die Bewohner der Industrieländer werden jeden Preis zahlen, um nicht auch zu (ver-)hungern."

Die Politik der Verschwendung

Hunger ist primär die Folge einer ungerechten Verteilung und Verschwendung: Wer mehrmals pro Tag Fleisch isst, verbraucht mehr Nahrungsmittel, als eine arme Familie zum Leben benötigt. Aktuelle Trends wie „Low carb" und „Oversize" verschärfen diese Nahrungsverknappung noch: Es gibt Restaurants, in denen pro Person 2 kg Fleisch serviert wird. Das Getreide, das verbraucht wurde, um dieses eine Essen zu produzieren, muss für jeden zweiten Menschen für einen ganzen Monat reichen. Auch in der Mobilität behauptet sich ein gigantomanischer Luxustrend: Ein Offroader fährt mit einer menschlichen Tagesration Mais ca. einen Kilometer weit. Eine einzige Tankfüllung à 50 Liter Ethanol verbraucht 350 kg Mais, davon lebt ein Erwachsener ein Jahr lang. Ihre Substitute, die SUVs sind die niedliche Greenwash-Version.

Bereits in den 70er Jahren erschien das Buch „Food first", vom Mythos des Hungers von J. Collins und F.M. Lappé. [95] Auf hunderten von Seiten rollten sie sämtliche Ursachen des Hungers und des Elends auf.

Später erschien ihre Kurzfassung: „World hunger: ten mythts", Zehn Legenden um den Hunger in der Welt.

Hunger ist eine lukrative Businessstrategie, die sich hinter einer idealistisch verbrämten Falschetikettierung versteckt. Menschenfreunde, die sich aktiv in die Hungerpolitik einmischen wollen, müssen ein wenig Zeit in die Lektüre dieser Aushungerungsstrategien investieren, um nicht als naive Komplizen bei mörderischen Geschäften mithelfen.

Das Verbot ungiftiger Lebensmittel

Omas kriminelle Kartoffeln
Lebensmittel brauchen neu eine Bewilligung.
Eine engagierte Supermarktkette folgte dem lokal-Trend, und wollte seinen Kunden bedrohte, alte Kartoffelsorten aus Omas Küche anbieten und einen aktiven Beitrag zur Erhaltung des kulturellen Erbes leisten.
Aus dem Geschmackserlebnis wurde nichts: Der kommerzielle Anbau und Verkauf von Omas Kartoffeln wurde verboten.
Kataloge für bewilligte Kartoffeln?
Kataloge für bewilligte Bücher? Wozu sollen denn Bücher eine Bewilligung brauchen?
Kataloge für bewilligte Musikstücke?
Warum brauchen ungiftige Lebensmittel eine Anbaubewilligung, die ihnen verweigert werden darf?

Die staatlich verbotene Rettung der traditionellen Sorten
Wie schützt man die Biodiversität?
Elefanten schützt man mit einem absoluten Verbot der kommerziellen Nutzung. So sterben sie nicht aus.
Seltene Kulturpflanzensorten schützt man mit einem absoluten Verbot der kommerziellen Nutzung. So sterben sie garantiert aus.
Unsere Beamten sind nicht fähig, diversifizierte Vorgehensweisen für den Schutz von Elefanten oder von Kartoffeln zu erarbeiten.
Sie sind jedoch sehr wohl fähig, eine fantasievolle Palette von Verordnungen zu erarbeiten, um die Rettung bedrohter Sorten zu verhindern.
(96-98)

Ausländer raus!
Warum brauchen jahrhundertealte, ungiftige Lebensmittel urplötzlich eine Anbau-Bewilligung?
Die Begründung unserer Behörden: Es war einmal eine Zeit, da verkauften betrügerische, durchreisende Saatguthändler schlechtes Saatgut.

Drum müssen sie nun endlich, im Zeitalter der Internetforen und Strichcodes, in der kein Saatgutverkäufer es sich leisten kann, schlechte Qualität zu verkaufen, eine derartige Gefahr präventiv verhindern.

Der Staat greift in die Regulierung des freien Marktes ein, um den Anbau ungiftiger Lebensmittel zu verbieten.

Denn er wolle die Ernährungssicherheit durch die einheimische Produktion garantieren? Die meisten Industrieländer produzieren nur einen Teil ihrer Nahrungs- und Mastmittel.

Um traditionelles Saatgut dennoch kriminalisieren zu können, greifen die Agrarministerien auf die fast wortwörtlich gleiche Argumentation, wie jenes Regimes, das 1934 mit dem Reichssortengesetz die weltweit ersten Saatgutverbote schuf, das nur noch den Anbau kriegstauglicher Hochertragssorten zuliess.

Der Verkauf von Omas Kartoffelsorten wird mit dem dazu passenden Argument verboten: „Ausländer raus"!

Das ist kein Witz. Traditionelle Sorten, die keinen Hochertrag liefern, werden zu Ausländern degradiert, und ihre kommerzielle Nutzung mit diesem Argument verboten. Zum Glück kamen Kirschen und Pflaumen, Tomaten und Kartoffeln, Reis und Mais noch vor den neuen Sortenbewilligungsverordnungen zu uns. Fast alle Kulturpflanzen stammen aus anderen Kontinenten, sind also Ausländer.

Alle Kartoffeln stammen aus Amerika, dennoch verbieten europäische Agrarministerien den Anbau einzelner „ausländischer" Sorten, aber nur die vom Aussterben bedrohten Bauernsorten.

Dieses Anbauverbot mittels geografischer Restriktionen ist nicht zu verwechseln mit der AOC-Bescheinigung. Diese ist kein Produktionsverbot, lediglich eine Werberestriktion zum Schutz der geographischen Herkunftsbezeichnung. Champagner und Emmentaler darf jeder herstellen, einzig die Benennung ist restriktiv reglementiert.

Die Inzucht der „reinen Rasse"

Saatgut darf nur kommerziell angebaut werden, wenn es Hochertrag liefert und zudem auch noch „uniform und stabil" sei. Warum? „Um Himmels Willen, die Kartoffeln haben unterschiedliche Schattierungen. Und dann sind einige noch krumm"? Es sind nicht die Kunden, die auf einen neurotischen Ordnungszwang pochen. Warum soll muss Saatgut uniform sein? Dieser Anspruch passt zur Geisteshaltung der Verfechter von Rasse-Reinheits-Gesetzen.

Rein biologisch bedeutet Uniformität genetische Starre. Die Inzucht ist bei Menschen verboten, da sie genetisch katastrophale Auswirkungen hat. Die Hochleistungszucht von Tieren leidet massiv unter Ausfälle wegen einer zu geringen genetischen Variabilität.

Dies gilt erst recht für den Ackerbau: Je variabler der Genpool, desto besser ist die Resistenz eines Feldes, stirbt eine empfindliche Pflanze, überlebt meist die robustere Nachbarin, sie hat mehr Platz und kann so den Verlust meist wettmachen.

Saatgut muss zudem auch stabil sein? Dieser Anspruch ist eine Realitätsverweigerung: Ein Grossteil des Saatguts sind Hybriden. Hybriden sind per Definition garantiert instabil, die zweite Generation der Hybriden ist derart schlecht, dass man neues Saatgut kaufen muss, das ist ja der Verkaufstrick. „Stabile Hybriden"? Die per Definition garantiert nicht stabilen Hybriden erfüllen erstaunlicherweise laut unseren Behörden die Qualitätsanforderung der Stabilität. Und die genetisch äusserst stabilen Bauernsorten werden verboten sie, weil sie nicht uniform sind, sondern dank ihrer genetischen Variabilität stabile, gute Erträge garantieren.

Das Verbot von Omas Kartoffeln wird von den Agrarministerien mit Argumentationen legitimiert, die Affinitäten zum angestrebten Ziel verraten: Eine globalisierte Hungerfalle für Alle.

Die staatliche Eliminierung des Genpools

Die Bauern züchteten aus der Pflanzenvielfalt das wohl reichste und kostbarste kulturelle Erbe.

Die Menschen nutzten einst ungefähr 10 000 Arten als Nahrungsmittel. In den tropischen Hausgärten versorgen sich die Menschen mit über 100 Arten, Zehntausende Sorten von Reis, Weizen, Mais, Kartoffeln sicherten die Grundernährung.

Heutzutage ernähren nur noch ganz wenige Sorten Milliarden von Menschen. 15 Tierrassen machen heute 90% aller Nutztiere aus, von 1000 traditionellen Apfelsorten sind kaum noch 20 im Handel. Weltweit werden noch 12 Getreidesorten, 23 Gemüsearten, 35 verschiedene Frucht- und Nussbäume angebaut. Vier Arten, Mais, Weizen, Reis, Kartoffeln decken 60% der menschlichen Energie.

In den letzten hundert Jahren verschwanden 75% der Saatgutsorten. Dürfen nur noch bewilligte Sorten kommerziell angebaut werden, dann verschwinden innerhalb eines einzigen Jahrzehntes noch einmal an die 75% der verbliebenen Sorten.

4 Konzerne liefern 90% des Saatguts. Bei Mais, Soja und Baumwolle ist in vielen Ländern kaum oder gar kein nicht-Gentech-Saatgut erhältlich.

Ausgerechnet im Jahre des Schutzes der Biodiversität missbrauchten die Agrarministerien die Gesetze der Biodiversitätskonvention zum Schutz der genetischen Ressourcen, um unter dem trendige Forderung nach einem „Schutz der Biodiversität" ihre Greenwash-Verordnungen zu erlassen, mit denen der Anbau der alten Kultursorten kriminalisiert und verboten wurde.

Das Verbot fast aller Bauernsorten durch den orwellschen „Schutz der Biodiversität" ist ein beeindruckendes Lehrstück und ein entlarvendes Bekenntnis der Klientelpolitik.

Die genetischen Ressourcen sind neu souveräne Rechte der Staaten. Und nicht mehr „Erbe der Menschheit", wie u.a. die grösste Bauernorganisation der Welt, die Via campesina, verlangt hatte.

Das Kleingeschriebene zuhinterst in den Annexen der Biodiversitätsverträge erlaubt den Staaten, die kommerzielle Nutzung seines bäuerlichen Kulturgutes an interessierte Grosskonzerne zu privatisieren.

Der Angriff auf das bio-Saatgut

Staatliche Anbauverbote für die noch existierenden, anpassungsfähigen Sorten stellen in Zeiten des Klimawandels eine gezielte, arglistige Bedrohung der Lebensmittelsicherheit dar: Die Sortenvielfalt der traditionellen und der bio-Landwirtschaft garantiert, dass bei allen Veränderungen und Problemen resistente und ertragreiche Sorten zur Verfügung stehen.

Darum müssen sie verschwinden.

Aber wie können bio-Sorten verboten werden?

Ein biologischer Saatgutzüchter entwickelte eine Palette von bio-Getreidesorten, ertragreich, robust, anspruchslos, stabil und uniform. Aber das biologische Supergetreide erhielt keine Anbaubewilligung. Denn die bio-Sorten wurden wie alle anderen getestet: Unter industriellen Bedingungen. Den genügsamen, bio-Sorten bekamen die gewaltigen Kunstdüngermengen der industriellen Landwirtschaft gar nicht, sie wurden als zu wenig robust disqualifiziert, die kommerzielle Anbaubewilligung wurde ihnen verweigert.

Aber Kunstdünger für bio ist per Gesetz verboten? Regierungsbürokraten müssen sich nicht an ihre eigenen Gesetze halten?

Wer reglementiert die Bewilligungen für das biologische Saatgut? Ausgerechnet jene Chemie-Agronomen, deren Job durch den bio-Gesundheitstrend bedroht wird.

Diese bio-Sorten-Verbote konnten nach einem teuren Rechtsstreit aufgehoben werden. Aber in den armen Ländern kommen die kleinen Bauern kaum gegen solche behördlichen Tricks an.

Knebelverträge statt Bauernprivileg

Biodiversitäts-Polizisten, die mit Schlagstöcken afrikanische, asiatische, lateinamerikanische Bauern von ihren traditionellen Bauernmärkten vertreiben? Bauernmärkte sind kriminell, denn der Anbau und Verkauf der Lokalsorten sei verboten, weil die Bauern keine Bewilligung für den Anbau ihrer traditionellen Sorten haben?

Milliarden von armen Kleinbauern und ihre Familien kämpfen ums Überleben, folgen ihre Staaten dem Vorbild der Industriestaaten, brauchen auch sie eine Bewilligung für Anbau und Verkauf ihrer eigenen Sorten. Im Gegensatz zu den Agrarkonzernen haben jedoch Kleinbauern weder das Geld noch die Zeit, um sich die Bewilligung zu beschaffen. Und die werden ihnen wohl gemäss dem europäischen Präjudiz sowieso verweigert.

Die Konzerne lobbyierten restriktive Saatgutverbote in ihren eigenen Ländern, um ein globales Präjudiz zu installieren, die eine Nutzung der besitzlosen, traditionellen und bio Sorten blockiert: Die Bauern sollen in den Ruin getrieben werden und die Konkurrenz ihrer gigantischen

Saatgutpools soll eliminiert werden. Um dank dem Monopol auf die Anbaurechte des freien Marktes im Nahrungsmittelbereich abzuschaffen. Erstaunlich ist diese Verbotspraxis nicht, der Saatgutmarkt ist schon seit geraumer Zeit der am stärksten reglementierte und restriktivste aller Märkte. Die von den Saatgutfirmen beherrschten Biodiversitätsgremien der UNO empfehlen den UNO-Wirtschaftsabteilungen, Kreditauflagen an die Regierungen des Südens nur zu vergeben, wenn sie die prohibitiven Saatgutabkommen ratifizieren. Im Schatten von Abertausenden von Patenten auf Saatgut breitet sich eine lawinenartige Verbotswelle der traditionellen Sorten aus.

Gleichzeitig definiert die WTO einen Verzicht auf Gentech als illegales Handelshemmnis, das zu einer Anklage und Handelssanktionen führen kann. Als offizielle Hüterin des freien Marktes interveniert die WTO jedoch kaum gegen wettbewerbsverzerrende Verstösse gegen die Antitrust-Gesetze wie Megafusionen, Marktmonopole und illegale Preisabsprachen und Dumpingpreise durch die Big Players.

Intermezzo: Bunkermentalität

Die Agrarkonzerne wollen die Saatgut-Biodiversität durchaus retten: Am Ende der Welt, auf den eiskalten Spitzbergen, legten sie einen rettenden, gigantischen Saatguttresor an.

Wozu? Vor wem soll das Saatgut denn geschützt werden?

Die äusserst verheerenden Eiszeiten vernichteten nur einen Bruchteil der Biodiversität, die von der modernen (Agrar-)Industrie ausgerottet wurde.

Die einzig andere Methode, um das Saatgut auszurotten, wäre ein Nuklearkrieg. Aber warum investieren wir Millionen in eine Nach-Apokalypse-Ära? Nach einem Nuklearkrieg sollen die letzten Überlebenden Spitzbergen finden und dort den Bunker knacken, um an Saatgut heranzukommen? Da wäre es für die Überlebenden wohl einfacher, Weizen- oder Maiskörner sonst wo zu finden.

Das Konzept des Saatgut-Tresor ist auch sonst sehr konfus: Rein kann alles, aber wie kommt es wieder raus? Das bestimmt der Schlüsselinhaber. Und wer ist das?

Die Verfügungsgewalt über das Saatgut haben die Bunkerbauer, die Spezialisten für das Problem wie die Saatgutkonzerne Dupont/Pioneer und Syngenta/ChemChina, Mäzene des *global crop diversity trust* [99]

Die Biopiraten haben das juristische Alleinverfügungsrecht, ein juristisch schon heute gültiges exklusives Monopol- und Patentrecht über alle ihnen freiwillig anvertrauten Sorten. Sie dürfen allen Anderen die Nutzung jener Sorten verbieten, die sie selber nutzen wollen, das gilt natürlich auch für alle Sorten, die sie einkreuzen.

Was ist der Nutzen einer Übergabe des Weltsaatgutes an ein Exklusivnutzungsrecht der Saatgut-Biopiraten?

Die illegalen Verbote

Unter dem Ausschluss der Öffentlichkeit und der Parlamente entscheidet sich die wohl wichtigste Weichenstellung, die je gefällt wurde: Ein Menschenrecht auf Nahrung oder ein lukratives Lebensmittelmonopol?

Warum wurde der kommerzielle Anbau von „besitzlosen" Sorten verboten? Ein juristisches Novum: Strafen für etwas, das niemandem schadet.

Im Gegenteil: Die genetische Vielfalt des Saatgutes ist der Garant der Lebensmittelsicherheit.

Das hat die UNO auch erkannt: Sie ratifizierte den Schutz der landwirtschaftlichen Biodiversität.

Der internationale „Vertrag über pflanzengenetische Ressourcen für Ernährung und Landwirtschaft" will die genetischen Ressourcen der Landwirtschaft erhalten und seine Nutzung fördern, um so eine nachhaltige Landwirtschaft und die Ernährungssicherheit zu ermöglichen. Die Rechte der Bauern seien zu schützen und zu fördern, namentlich das Recht auf den Tausch und den Verkauf des eigenen Saatgutes. Insbesondere sollen die Saatgutentwicklung durch die Bauern selber und der Ökolandbau gefördert werden.

Die Umsetzung des Biodiversitätsschutz-Abkommens wurde den Experten für Biopiraterie anvertraut.

Die neuen Saatgutverordnungen der EU verlangen eine Prüfung und Bewilligung, Sorten ohne behördliche Bewilligung erhalten Anbauverbote zwecks „Standardisierung und der Qualitätskontrolle des Saatgutes".

Die Verordnungen bewirken das präzise Gegenteil des ratifizierten „Schutz der genetischen Ressourcen": Die Zerstörung des Genpools der Kulturpflanzen.

Der gesetzliche Schutz der Landsorten und die Urheberrechte der TRIPS-Abkommen respektieren das traditionelle Recht der Bauern, das Bauernprivileg: Bauern brauchen für ihr eigenes Saatgut keine formelle Registrierung. Die Ministerien setzen diese Vereinbarungen mit ihren Bestimmungen der *„Standardisierten Materialübertragungsvereinbarung"* eigenmächtig ausser Kraft. In bester orwellscher Manier legitimieren die Behörden das Verbot der traditionellen Sorten mit dem Schutz der Versorgungssicherheit.

Die Hungerfalle

Die Behörden investierten Hunderte von Stunden Verfahrensaufwand mit Berechnungen, Messungen, Konferenzen und Anhörungen, um die Rettung der vom Aussterben bedrohten traditionellen Sorten zu kriminalisieren: Der Anbau von Omas Kartoffel- oder Kohlsorten ist je nach Land per Gesetz verboten oder auf ganze zehn Kilo Saatkartoffeln pro Bauer limitiert.

Haben unsere Behörden nichts Besseres zu tun? Sie verbieten den Anbau ungiftiger Lebensmittel, die Pestizidbelastungen in den industriellen Lebensmitteln messen sie aber quasi nie. Weil ihnen angeblich das Geld und die Zeit dafür fehlt.

Warum wird der freie Markt für die Hundertausenden von traditionellen Sorten abgeschafft und durch eine völlig unlogische Bürokratenallmacht ersetzt? Welches Ziel wird damit anvisiert? Natürlich geht es bei diesen Anbauverboten weniger um die bereits fast ausgeräumte europäische Sorteneinfalt, sondern vielmehr um den gigantischen Genpool von Asien, Afrika und Südamerika. Um globale Anbauverbote durchzusetzen, müssen die Behörden der Industriestaaten ein Präjudiz in ihren eigenen Ländern etablieren.

Die Agrarministerien wandeln in ihren Verordnungen sämtliche Gesetze zum Schutz von Mensch und Umwelt in einen Schutz der Industrieinteressen um. Und in eine Schädigung der Menschen.

Die demokratischen Entscheidungsfindungen leiden nicht nur im Agrarsektor unter einem völligen Bedeutungsverlust. Die Klientelwirtschaft der Ministerien schaltet die demokratischen Gesetzgeber aus, sowohl Parlamente wie Justiz, sie erfüllt faktisch nur noch die Wunschliste der Grossindustrien.

Wer Omas Kartoffel anbaut, erhält in der EU bereits existenzvernichtend hohen Bussen, wie der Verein Kokopelli in Frankreich. Und wer das Geld nicht hat, geht in den Knast.

Wer Omas Kartoffeln und Kohl anbaut, riskiert existenzvernichtende Bussen.
Wer Lebensmittel mit illegal hohen, gesundheitsgefährdenden Pestizidrückständen verkauft, erhält einen Mahnbrief, ohne jegliche Busse.

Gentech – the Seed of Greed

Gentech – der weltgrösste Flopp

Die Gentechnologie bejubelte einst die Entzifferung des Genoms als Durchbruch. Sie versprach neuartige Labor-Kreationen nach Wunsch, massgeschneiderte Nutzwesen aus der Verschmelzung von Tier, Pflanze, Mensch und Bakterium.

Gentech – die Rettung des Planeten und der Menschheit vor allen Kalamitäten und Krankheiten. Mythos oder Wirklichkeit? Hype or Hope? Welche nützlichen Neuheiten brachte die Gentechnologie?

Fulminante Verheissungen – fulminante Ernüchterungen: Innerhalb von fünfzig Jahren entwickelte die „Grüne Gentechnologie" dank Forschungsgeldern in Milliardenhöhe… zwei Viehfutter-Sorten für Mais und Soja: Die RR-Gentech, gegen das Herbizid Glyphosat resistente Pflanzen, (Markenname Roundup Ready), und die Bt-Gentechpflanzen, die das Gift des Bakterium Bacillus thuringiensis produzieren. Allerdings konnten die Befälle mit Unkräutern oder Schadinsekten nicht wie geplant vermieden oder auch nur gesenkt werden.

Kann das nun wirklich Alles gewesen sein? Da gab es noch die nicht faulenden Tomaten und die Fisch-Himbeeren die niemand wollte, die dank Luziferase-Gen (!) fluoreszierenden Schweine…

Gentech ist der wohl grösste Flopp in der Geschichte der Technik und des Investmentbusiness. Das Manipulieren der Gene brachte im Gegensatz zu den normalen Zuchten keinen Nutzen für die Konsumenten und die Bauern.

Das Dechiffrieren der Gensequenzen war ein akademisches l'art pour l'art, die Forschungsmilliarden ein eklatantes Fehlinvestment.

Das Mysterium des „smart breeding"

Nun aber gelang der Gentechnologie doch noch der Durchbruch. Dem Himmel sei Dank: Der Klimawandel verursacht in den armen Ländern Schäden in Milliardenhöhe.

Die Agrarkonzerne entwickelten eine innovative Rettungsstrategie, um die himmlische Bedrohung der Armen zu bannen: Das „smart breeding" der neuen „Marker"- Technologie könne schnell und genug innovatives

Saatgut und Bäume mit verbesserten Eigenschaften züchten, die an das neue Klima angepasst sind.

Denn die klassischen Zuchten seien ausgereizt, und zu langsam, und jede Menge klimarelevanter Gensequenzen seien bereits identifiziert.

Die Agrarkonzerne wollen den armen Ländern helfen, indem sie ihnen zwei Jahre lang „innovatives Saatgut" schenken. Sie beschwören eine fürwahr unglaubliche Bandbreite von Verbesserungen, hüllen sich jedoch bezüglich der Funktionsweise der innovativen „smart breeding"-Technologie in ein beredt-enigmatisches Schweigen.

Die surreale Klimafalle

Innovatives Saatgut, das „ an das neue Klima" angepasst ist?

Klimawandel heisst, dass die Klimazonen wandern, und nicht etwa, dass ein „innovatives Klima" entsteht. Alle klimatischen Möglichkeiten existieren bereits auf der Erde, innovative Temperaturen und Regenmengen sind eine agrarindustrielle Argumentation, die an Absurdität kaum zu überbieten.

„Es wird wärmer – wir müssen wärmeresistente Kleidung erfinden: Shorts, Bikinis, T-Shirts!" Warum? Die wurden bereits erfunden, kaufen genügt.

Innovatives Saatgut für das innovative Klima?

Wenn auf den Autobahnen die Geschwindigkeitslimiten gesenkt werden, braucht es keine innovativen Autos für innovative Geschwindigkeiten. Innovative Geschwindigkeiten, Temperaturen oder Regenmengen sind barer Unsinn.

Wenn das Klima sich verändert, genügt es, Saatgut aus einer benachbarten Region mit dem entsprechenden Klima einzukaufen. Bauern fanden einst passende Sorten auf den Bauernmärkten, Saatgutkataloge bieten heutzutage die Qual der Wahl für klimawandelangepasstes Saatgut.

Die Agrarindustrie nutzt den Schock der Klimadestabilisierung, um mit einer orchestrierten Panikmache und Betroffenheitshysterie alle naturwissenschaftlichen Basiskenntnisse durch den Tunnelblick einer blinden Techno-Euphorie zu ersetzen.

Das Recycling der Investmentblase
Neu verzichtet die Agrarindustrie auf das Zusammenmischen unterschiedlicher Lebewesen, und – oh, Wunder, plötzlich klappt Alles! Hocherträge und gleichzeitig noch eine Dürreresistenz! Heureka! Was war das nur möglich?
Die Gentechindustrie musste in den Trümmern ihrer gigantischen Investmentblase nach Recyclierbarem suchen, bevor diese platzte.
Und sie wurde fündig, der rettende Trick: Die technische äusserst simple, aber umso lukrativere Patentierung… sämtlicher Lebewesen.
Die Patentierung von Pflanzensorten und Tierrassen ist laut dem internationalen Patentübereinkommen verboten (100) auch das EU-Parlament untersagt die Patentierbarkeit von Pflanzensorten.
Dank ihrer Milliardenschweren Forschungs-Investments durfte die Gentechnologie ein Patentrecht auf Gene erzwingen. Damit darf sie auf alle Lebewesen mit diesem Gen Patentgebühren einfordern.
Die Gentechnologie dient nur noch als juristische Dekoration und Legitimation für den juristischen Patentschutz.

Die Trojaner der invasiven Patenttechnik
Die Gentech ist suspekt, niemand will sie. Also spannen die Agrarkonzerne die Entwicklungshilfe der UNO und der Industriestaaten für die Promotion des „smart breeding"-Saatgut In den armen Ländern ein. Eine innovativ-nette Etikette, um den renitenten Kontinenten Afrika und Asien die ungeliebte Gentechnologie aufzuzwingen: Die Hungerhilfe dient als Einfallstor für das Einschleusen von flugfähigen und invasiven Industrie-Patente in die Nahrungspflanzen der armen Länder. Um so in den juristischen Besitz ihres gigantischen Genpools zu gelangen.
Gentechpflanzen verteilen ihre Pollen und ihre Patentrechte mit dem Wind. Oder den Insekten.
Ihr Zweck ist es, die Ackerkulturen der Umgebung via Pollenflug mit ihren patentierten, oft giftigen Genen anzureichern.
Bevor die Politik realisiert, dass eine Landwirtschaft ohne die giftigen Produkte der Agrarindustrie sehr wohl möglich ist.
Die Gentechnologie ist eine invasive Kontaminationstechnik. Ihr einziger Nutzen besteht darin, das globale Saatgut mit ihren juristischen

Patentrechten zu infizieren. Um die gigantische Konkurrenz der unabhängigen Bauern auszuschalten.

Mit der Strategie von zwei Jahren gratis Supersaatgut, und Kunstdünger mit bio-Mist konnten auch naive idealistische NGOs von einer „Partizipation der lokalen Bauern" überzeugt und als willige und billige Helfershelfer für die feindlichen Übernahmestrategien eingespannt werden.

Das exklusive Verfügungsrecht über das globale Saatgut ermöglicht ein exklusives Anbaurecht und ein globales Monopol über die Nahrungsproduktion.

Ein reichlich surrealer science-fiction-thriller?

Die Kohabitations-Strategie

Zeitgleich engagieren sich die Agrarministerien der Industrieländer mit ihrem Kohabitations-Gesetz für die Kontaminierung und Eliminierung des bio-Landbaus per Gesetz.

Bio-Mais, der von Bt-Gentechpollen bestäubt wurde, ist selber ebenfalls giftig. Damit verliert bio seinen guten Ruf. Wobei allerdings zu beachten ist, dass Weizen ein Selbstbestäuber ist, der die Invasionsstrategie der Gentechnologie blocken kann. Mais hingegen, ein Grundnahrungsmittel vieler ärmerer Länder, ist fremd- und windbestäubt.

Die Ministerien behaupten, dass eine „Koexistenz zwischen normalen und Gentech-Sorten" möglich sei, und dass schmale Pufferstreifen genügen, um eine Bestäubung der Kulturpflanzen mit Gentechpollen zu verhindern. Maispollen werden von Stürmen jedoch wie der Saharastaub oft über gigantische Strecken verfrachtet. Die Ministerien massen sich an, Sturmwinde verbieten zu können, die gleiche surreale Unverfrorenheit wie bei den dekretierten Höchsthöhen der Tsunamis.

Die Koexistenz-Verordnungen bewirken nicht nur, dass gentechbelastete bio-Bauern riskieren, ihr bio-Label zu verlieren. Das Präjudiz in den USA verlangt, dass Bauern, die patentierte Gene in ihrem Ackerpflanzen haben, nicht nur Patentabgaben an die Patentinhaber zahlen müssen, sondern auch des Diebstahl von geistigem Eigentum, bzw. der unrechtmässigen Aneignung von patentierten Pflanzen bezichtigt werden. In den USA erleichtern Denunziations-Hotlines den Konzernagenten das Aufspüren kontaminierter Felder. Die oft existenzvernichtenden Bussen ermöglichen anschliessend den Aufkauf des Landes zum Schnäppchen-preis, die Bauern zittern vor der Allmacht des Gentechgiganten.

In den USA wurde die Langkorn-Reisproduktion mit einem weltweit nicht bewilligten, ausländischen Genkonstrukt kontaminiert. Zwangs-tests, gefolgt von nationalen Importstopps, liessen die Preise für US-Reis in den Keller stürzen. Die gesamte Branche, auch die gentechfreien Bauern wurden an den Rand des Ruins getrieben.

Der Vorteil der Gentechnologie wäre, dass die Fremdgene immer die Patentbeschreibung seines Besitzers tragen, der Verantwortliche einer illegalen Kontamination also immer klar wäre. Besagter Patentinhaber musste für den Milliardenverlust jedoch nicht aufkommen oder gar eine Busse bezahlen. Dass ein Täter bei einem Milliardenschaden seine Un-terschrift, bzw. genetischen Fingerprint hinterlässt, und dann freige-sprochen wird, ist ein Novum des Rechtsverständnisses.

Saatgut- und Nahrungsmonopol

Mit den Koexistenz-Verordnungen helfen die Agrarministerien der In-dustrieländer, ihre eigene Bevölkerung einem erpresserischen Nah-rungsmonopol auszuliefern

Die Hungerwaffe birgt ein explosives Empörungspotential und einen mächtigen Mobilisierungsfaktor.

Monopole sind zwar durch die Antitrust-Gesetze verboten, die Wettbe-werbsbehörden verbieten sie jedoch nicht.

Da Patente auf Lebensmittel eine Gefahr für die Nahrungssicherheit sein könnten, empfahl die englische Kommission für intellektuellen Be-sitz, dass Patente auf Saatgut nicht für die Entwicklungsländer gelten sollen.

Die Agrarindustrie investierte Milliarden weltweit in den Aufkauf der meisten Saatgutbetriebe. Dank ihrer invasiven Patente, der Abschaf-fung des Bauernprivilegs und der Bewilligungsverweigerung für Lands-orten verfügt sie bald über ein globales Anbaumonopol. Und ein globa-les Nahrungsmonopol.

Die angepeilten, lukrativen Opfer dieser Milliardeninvestments sind die Kunden der reichen Länder.

Auf die Biopiraterie-Vorwürfe reagierte die Agrarindustrie mit der Einwilligung in einen finanziellen Ausgleich für ihre Patentierungsrechte auf traditionelle Sorten: Ganze 1,1% des Gewinnes ihres Exklusivnutzungsrecht zahlen die Biotechkonzerne an... den Fond der Diversitätsabteilung der FAO. Und der finanziert damit... die Bio-Prospektions-Institute, die neues Saatgut zum Kreuzen und Patentieren suchen, oder Heilpflanzen für die Pharmaabteilungen.

Die Agrarkonzerne bilden die Biotech-Experten aus, die die Verträge ausarbeiten: Die internationale Zugangsregelung und Gewinnverteilung legt fest, dass die einheimischen Bauern im Gegenzug für diese Bioprospektionsfinanzierung ihre eigenen Sorten nur noch gegen Patentgebühren nutzen dürfen. Warum darf die wissenschaftliche Lokalelite das Saatgut der Bauern (oder Wildpflanzen) an ein exklusives Nutzungsrecht mächtiger Konzerne verkaufen? Das ist ein existenzbedrohender Diebstahl an den lebensnotwendigen Ressourcen der Bauern und der Bevölkerung der armen Länder.

Biopiraterie – ein selbstverfügtes Privat-Recht

Das Enigma der *smart breeding/Cis/Crispr/*Marker-Gentechnologie mit ihren chronischen Markenwecheln kaschiert nur die übliche surreale, agrarindustrielle Unlogik.

Markerpatente entsprechen dem Prinzip, die Wellenlänge der Farbe Blau zu patentieren, um sich einen Patentanspruch über alle (teilweise) blauen Dinge aneignen zu dürfen.

Also auch auf Bücher mit einem blauen Meer auf dem Umschlag, und alle Ferien und Filme unter blauem Himmel.

Denn mit der Patentierung der Marker-Gene sollen nach dem Lawinenprinzip nicht nur alle Pflanzen oder Tiere mit dem Gen, sondern auch sämtliche Weiterverarbeitungsprodukte patentpflichtig werden: Nicht nur die Salatsauce mit dem Öl oder das Fruchtgetränk, sogar deren „Administration am Mensch, Haustier und Masttier", also die „Verdauungseigenschaften" wurden patentiert. Die Gentechnik kann es sich leisten, sich in aller Unverfrorenheit zu ihren von allen guten Geistern verlassenen Betrugsstrategien zu bekennen.

Denn Laien können sich nicht gegen fachchinesisch verbrämte Anmassungen und Arroganz wehren?

Gentech ist nur kompliziert, wenn man die Funktionen innerhalb der fast endlos langen Stränge des Genoms dechiffrieren will, die Theorie hingegen wird nur künstlich mystifiziert, um jede Mitsprache und Kritik zu verhindern: Die ominösen Marker-Gene, also „dechiffrierte" Gene, wurden ursprünglich eingesetzt, um unter den genmanipulierten Lebewesen jene herauszufinden, bei denen der Einbau des gewünschten Genes wirklich geklappt hatte. So wird z.B. ein Antibiotika-Resistenz-Gen mit einem Insulin-Gen zusammengekoppelt, und dann mit Hilfe von Retroviren in die E. Coli-Bakterien eingebaut. Die manipulierten Bakterien werden dann dem Antibiotika ausgesetzt, jene, die das Antibiotika nicht überleben, produzieren auch kein Insulin, und werden durch das Antibiotika getötet, die anderen kommen in die Fermentatoren der Insulin-Produktion. Das Human-Insulin, also Gentech-Insulin wird dank Retrovieren von Fäkalbakterien hergestellt? Sie könnten auch appetitlichere Mikroorganismen einsetzen. Früher wurde Insulin aus der Bauchspeicheldrüse geschlachteten Schweinen gewonnen, wegen der zu hohen Giftbelastung der Tiere musste diese Methode eingestellt werden. Da eingebaute Gene prinzipiell instabil sind, stiess die breitflächige Anwendung von Antibiotika-Resistenzen als Markergene nicht gerade auf die Begeisterung der Sicherheitskommissionen, die mit Verboten drohten. Also suchte man alternative Marker, wie z.B. die Herbizidresistenz, die später als RR-Gentechnologie verkauft wurde. Später setzte Gentech auch auf sehr verbreitete Markergene, wie die Mannose-Marker, ein Gen, das der Mensch von Natur aus selber auch hat, oder andere natürlich vorkommende Gene.

Die Sequenzierung, also die Beschreibung eines Gens ist keine Leistung, die einen Patentanspruch auf alle Lebewesen mit diesem Gen ermöglicht. Auch nicht, wenn ein solcher mit den enormen, aber unrentablen Forschungsinvestitionen legitimiert wird.

Patente wurden erfunden, um Erfinder finanziell an den Gewinnen ihrer Erfindungen teilhaben zu lassen. Die Bauern und die Natur entwickelten Tausende von unterschiedlichen Nahrungsmitteln, und Millionen von

Sorten. Gratis. Die Gentechnologen veränderten bei den RR und Bt-Sorten kaum 0,01% der Pflanze, aber 100% des Patentrechtes gehört ihnen. Neu wird nur noch ein natürlich vorkommendes Gen beschrieben und das verleiht dem Agrarkonzern 100 % des Patentrechtes.

Wie konnte das Patentrecht zu einem Piraterie-Recht für die Reichsten verkommen?

Patentämter sind gewerbliche Privatvereine, die ihre Regeln eigenmächtig entscheiden. Das EPA, das Europäische Patentamt, untersteht nicht der EU.

Je mehr Patente eine solche Privatfirma verteilt, desto mehr verdient sie.

Patentfirmen patentiert Lebensmittel, indem sie die internationalen Abkommen austricksen: Sie patentiert nicht die Pflanzen, nur die Gene. Investoren können sich so Patente auf fremde Entwicklungen einkaufen, Patente verkommen so zu staatlich geschützten Besitz- und Verfügungsrechten über fremdes Eigentum.

Der einzige Zweck der Gentechnologie ist ihr selbsternanntes Patentierungsrecht auf Saatgut, um so einen exklusiven Besitzanspruch auf die gesamte Nahrungsproduktion etablieren zu können.

Patente auf Saatgut sind überflüssig, weil Züchtungen schon lange dem Lizenzschutz unterstehen, so dass die Züchter für ihre Sorten Gebühren einfordern dürfen. Das Saatgut der Bauern sollte der gleichen Regelung unterstehen wie das akademische Wissen: Das „Open-Source" – Konzept, das „Wissen gehört Allen" ist die Basis der Wissenschaft. Lediglich der Name des Entwicklers muss zitiert werden.

Die Agrarkonzerne legitimieren ihr Vorgehen mit den Gefälligkeitsgutachten etablierter, finanziell unterstützter Institute, Universitätsprofessuren und Stiftungen.

Die Gentech-Forschung wurde zum grossen Teil vom Staat finanziert, die Konzerne beantragen in aller Selbstverständlichkeit auch Patenrechte auf staatliche Forschungsresultate.

Publizieren staatliche Wissenschaftler alarmierende Messungen werden sie gefeuert, ihre Untersuchungen werden weder verifiziert noch wiederholt.

Patente verkommen zu einem Instrument für die Aneignung von Volkswissen durch Grosskonzerne:
Und die Wissenschaft zum Spitzeldienst für Raubzüge, die Experten der
Biotechfirmen durchforsten Märkte und Bibliotheken, bis sie ein Natur-
produkt oder eine Sorte finden, die interessant scheint, in Hinblick auf
eine spätere Vermarktung wird sie präventiv patentiert.
**Marker dienen einzig der invasiven Verbreitung von Eigentumsan-
sprüchen.**
**Der technologische Vorsprung der Industrieländer wird durch die Bio-
piraterie zementiert.**

Marker - das Eigentums-Gen

Die Cis/Crispr-Gentech patentiert nun fast nur noch normal vorhandene
Gene, wie das Bitterstoff-produzierende Gen im Brokkoli oder das fett-
anreichernde Gen von Schweinen/Säugetieren.
Brokkoli produzieren einen Bitterstoff, um sich vor Frassfeinden zu
schützen. Mit dem Patentrecht auf dieses Bitterstoff-Gen gelangen die
Anbaurechte aller Brokkoli in den Besitz des Patentinhabers.
Die Biopiraten erheben ihre exklusiven Patentansprüche auch in der
Tierzucht: Zuchtschweine verfetten schnell und besitzen seit Urzeiten
ein „Fettsucht-Gen", das nun patentiert wurde, und auf welches der Pa-
tentbesitzer Gebühren einfordern kann, für alle Schweine, die dieses
Gen besitzen.
Mit der Cis/Crispr-Gentech kostet die gleiche Evaluationsleistung, die
ein Kind in wenigen Sekunden schafft, Millionen, allerdings mit einem
wesentlich unzuverlässigen Resultat. Denn die Computerprogramme
können lediglich potentielle Topsequenzen aus dem Genom herausfilt-
rieren, komplexe Abläufe wie Hocherträge werden jedoch von mehreren Gengruppen gesteuert, die sich meist auf verschiedenen Abschnit-
ten oder Chromosomen befinden. Zudem ist der Genotyp, die vorhandenen Gene, sowieso nicht erfolgsentscheidend, sondern nur der Phä-
notyp, jene Gene also, die wirklich eingeschaltet werden.
Denn alle Brokkoli können bitter werden, alle Schweine können zuneh-
men, nicht das Gen für die Bitterstoffproduktion/Fetteinlagerung an
sich ist erfolgsentscheidend, sondern die Expression des Gens. Wann

jedoch ein Gen aktiviert wird, bleibt auch in der Gentech-Zucht dem Zufall überlassen. Die Patente beschreiben nur unnötiges Detailwissen über schon seit Jahrtausenden bekannte, nicht erfolgsentscheidend Eigenschaften.

Neu patentieren die Industrien auch Gene, deren Funktion nicht entschlüsselt wurde, die Patentanträge werden immer diffuser mit „Verbesserungen in Ertrag, Wachstum, Resistenz…" oder gar mit „neue Gewebe" begründet.

Marker sind lediglich ein wissenschaftlich verbrämtes Abrakadabra für Laien, das zwar nicht wirklich funktioniert, aber extrem teuer ist.

Und genau das ist der Trick: Die Gentechindustrie rechtfertigt ihre Patentrechte mit den ungeheuren Kosten dieser sinnlos komplizierten Umwege.

Das Europäische Parlament verweigert das Patentrecht auf die Zucht von Pflanzensorten und Tierrassen. Also patentieren die Gentechindustrien die Gene. Und so gelangt die Pflanzensorte unter das Verfügungsrecht der Industrie.

Das Enigma der Wundergene: Die schönen Vogelmännchen

Marker-Gene ermöglichen die Erkennung wünschenswerter Eigenschaften, das das erleichtere das Züchten?

Aber wozu soll man die Gene kennen, die eine wünschenswerte Eigenschaft anzeigen, um zu züchten? Es genügt doch völlig, die wünschenswerte Eigenschaft zu erkennen, um zu züchten.

Wie findet man jene Pflanze mit dem höchsten Ertrag, die Frucht mit dem besten Geschmack, das Schwein, das am schnellsten zunimmt? Das ist doch banal, das kann jedes Kind, das tun die Bauer seit Jahrtausenden: Mit dem gesunden Menschenverstand, bzw. mit Auge oder Gaumen.

Wie immer ist die Natur die effizienteste: Vogelweibchen begutachten die Farbenpracht oder sonstige Eigenschaften der sie umgarnenden Männchen. In Sekundenschnell haben sie die Gesamtperformance der besten Erbanlagen bewertet. Aus diesem Grunde bringt sich der Pfau mit seiner prächtigen Schleppe in Lebensgefahr.

Gewünschte Eigenschaften festzustellen, ist ein Kinderspiel. Dafür braucht es keine teuren Gentests.

Ein ganzheitliches Verständnis der sehr komplexen Realität ist keine esoterische Schwärmerei, sondern ökonomische Top-Effizienz, sich in nerdigen Details zu verirren, ist kein Wettbewerbsvorteil.

Sondern höchstens die ideale Voraussetzung für Betrugsstrategien: Was ist denn der Vorteil, wenn man die Gene kennt? Gezüchtet wird jedoch mit geschlechtsreifen Lebewesen, denn vorher sind die gewünschten Eigenschaften nicht erkennbar. Die Kenntnisse der Gene beschleunigen die Zucht nicht.

Lediglich die Treibhäuser können etwas kleiner sein, weil dank der extrem teuren Genanalysen Nieten schneller erkannt und eliminiert werden können. Die klassische Pflanzenzucht in den Feldern ist jedoch mindestens tausendmal billiger: Die Züchter sieben einfach die schwersten und meist auch resistentesten Körner aus und säen sie wieder aus. Gezielte Eigenschaften werden mit entsprechendem Saatgut eingekreuzt. Die Permakultur benutzt den Stress-Trick, um die Gesamtperformance zu messen: Zuchtkandidaten werden verschärften Konditionen ausgesetzt, etwas trockener oder kälter. Die Samen jener Pflanzen, die auch unter harten Bedingungen glänzen, sind meist auch unter netten Bedingungen die Champions. Es muss allerdings nur sehr selten spezifisches Saatgut entwickelt werden. Auch Hochertragssorten ertragen kleinere Veränderungen wie weniger Wasser und höhere Temperaturen meist problemlos.

Das Neue Eldorado—die Patentjagd

Die Bauern züchteten aus Wildpflanzen die köstlichsten Früchte, Gemüse und Getreide. Und nun wurde die Patentjagd darauf eröffnet, das neue Eldorado der modernen Raubritter. Das Patentrecht hat eine neue Dimension erhalten: Patentierungen dienen nicht mehr der Belohnung für eine Entwicklungsleistung. Es geht nur noch um Besitzrechte: Wer zuerst patentiert, eignet sich das Verfügungsrecht über die Entwicklungen Anderer an.

Die Agrargiganten beantragen Patentrechte auf die Nutzung Jahrtausende alter Entwicklungen wie den Insektenschutz der Neempflanze oder den indischen Brotweizen. Somit sind alle Chapatis patentpflichtig? Seit Jahrzehnten muss die indische Regierung Unsummen in die Gerichtskosten investieren, um zu verhindern, dass ausländische Grosskonzerne Patentabgaben oder gar Nutzungsverbote auf ihr traditionelles Kulturgut einfordern können.

Als Amazonasindianer aus der einheimischen Assai-Frucht eine Limonade machen wollten, kam eine japanische Firma, und forderte Gebühren auf „ihr" Patent ein. Alle machen mit, sogar Private. Das Patent für die gelben, mexikanischen Enola-Bohnen gehören einem US-Farmer, der sie einfach ohne jegliche Veränderung patentieren liess, und nun auf alle Verkäufe „seine" Gebühren einklagt.

Sogar Wörter werden patentiert: Das Sortenbezeichnung „Basmati" gehört juristisch einem Konzern.

Sowie noch nicht gezüchtete Sorten: Die Kumato-Tomate, eine Kreuzung aus traditionellen Sorten, wurde bereits patentiert, obwohl sie noch gar nicht existiert. Der Anbau der traditionellen Sorten, aus denen sie gezüchtet werden soll, wurde verboten.

Aber Patente auf fremde Entwicklungen sind illegal? Genau darum brauchen die Biopiraten die Beihilfe mächtiger Instanzen: Der Regierungen.

Die Agrarministerien der Industrieländer engagieren sich sehr für die Privatisierung von landwirtschaftlichem Kulturgut durch ihre Agrarkonzerne, die Marker-Gene fungieren als Besitz-Zeichen, das Enteignungsrecht zielt primär auf das afrikanische und asiatische Saatgut.

Die „unbedarften Eingeborenen" entwickelten Tausende von Köstlichkeiten. Das simple Dechiffrieren einige der Gene dieser Nahrungspflanzen genügt den Biopiraten des Agrarbusiness, um von den Bauern in Afrika, Asien und Südamerika Patentgebühren für den Anbau ihrer traditionellen Nahrung zu verlangen. Markergene wurden bereits bei allen Grundnahrungsmitteln identifiziert und patentiert, bei Mais, Reis, Sorghum, Taro, Cassava, Süsskartoffel, Weizen, etc. Und falls eine der Pflanzen zufälligerweise keine der patentierten Gensequenzen besitzt, ist ihr Anbau wahrscheinlich verboten, weil sie über keine äusserst teure Anbaubewilligung für diese Sorte verfügt.

Die Strategien und Investments für die globalen Anbaurechte sind zu komplex und aufwändig, als dass ein Fehlen einer bösen Absicht noch glaubwürdig sein könnte.

Der fehlende Nutzen
Wozu brauchen wir patentiertes Saatgut?
Die normalen Sorten bieten bereits alles, was Gentech verspricht, aber nicht liefern kann.

- Gentech für die Ertragssteigerung und die Sättigung der Hungernden?

Das wurde explizit nie versprochen. Es wurde höchstens der Eindruck erweckt, dass Gentech höhere Erträge erbringen könne, sie sind jedoch meist tiefer.

- Gentech ist gesünder, weil sie weniger Pestizide braucht?

Das wurde versprochen, die Unkräuter und Schadinsekten wurden jedoch recht schnell resistent. Die Befälle der Bt-Baumwolle sind massiver als bei der bio-Baumwolle.

- Höhere Gewinne für die Bauern?

In Indien kostet das Saatgut für die Bt-Gentech-Baumwolle 400mal mehr als für konventionelles, die Ertragsverluste durch Insekten betragen bis zu 75% %, in den USA gehen die jährlichen Verluste durch Insektenfrass bei Bt-Pflanzen in die Milliarde. Die Verkaufspreise für Gentechprodukte sind tiefer und erst recht die Gewinne der Bauern.

- Gute Erträge trotz Klimaveränderung?

Der Kauf von Saatgut aus den entsprechenden Klimazonen ist billiger und zuverlässiger.

- salz- und nässeresistente Nahrungspflanzen?

Reis ist salz- und nässeresistent. Zudem überlebt eine Pflanze, deren Wurzeln in der Jugend hohen Salzgehalten ausgesetzt wurde, später fast tödliche Salzkonzentrationen.

- Dürreresistente Nahrungspflanzen?

C4-Pflanzen, haben einen dürreangepassten Stoffwechsel: Mais, Sorghum, Hirse, Zuckerrohr etc. CAM-Pflanzen wie die Ananas gedeihen am besten in der heissen Feuchte.

- Eiweissreiche Pflanzen?

Der Proteingehalt von Leguminosen ist fast so hoch wie bei Fleisch, der von Getreide ist halb so hoch.

- Vitamine und Zusatzstoffe?

Es gibt Früchte, die haben dermassen viel Gesundes drin, dass die Pharmachemie um ihre Existenz fürchten müsste.

- Reis mit hohem Vitamin A-Mengen?

Vollkornreis hat höhere Vitamin-A-Mengen als der geschälte weisse Gentech-Vitamin-A-Reis. Trotz der 70 Patente der 32 Patentinhaber am „Vitamin A-golden Rice", mitfinanziert durch Staatsgelder.

- Mehr Zellulose im Getreide für Agrarsprit?

Holz hat sehr viel Zellulose und braucht kaum Pflege. Cellulose für Autos verflüssigen und Häuser mit Öl heizen ist sehr unlogisches Energiekonzept, umgekehrt wäre es effizienter.

- Design-Pflanzen?

Die Antimatschtomate fand keine Käufer.

- Mehr ungesättigten Fettsäuren?

Alpenmilch aus würzigen Kräutern und Gräsern ist Omega-reich, kostengünstig und köstlich.

- Resistente Rebsorten? Äpfel, die nicht braun werden?

Alles bereits gentechfrei im Handel.

Die Gentech-Landwirtschaft ist eine hochsubventionierte Subventionsblase für angebliche Superprodukte, die schon lange existieren. Und die die Gentech gar nicht herstellen kann.

Food-Hunter statt Food-Designer

Wozu neue Lebensmittel kreieren? Finden ist weit effizienter als erfinden.

Die Food-Hunter stolpern desorientiert durch ein Schlaraffenland bereits existierender Leckereien, die Auswahl an Innovativem ist weit grösser als das Interesse der Kunden.

Wozu brauchen wir die Gentech? Was kann Gentech, das die Züchter nicht können?

Die Karden schmeckten zwar lecker nach Artischocken, waren aber zu faserig und zu stachelig? Kaum reklamierten die Kunden über diese Eigenschaften der traditionellen, kaum bekannten Gemüsesorte, da waren nicht nur die Fasern, sondern auch die Stacheln schon ganz zart.

Kakis sind noch viel leckerer, aber nicht transportfähig? Nur ein Verpackungsproblem, der Handel bietet zudem feste Persimon-Sorten an.

Die Bauern haben ein Schlaraffenland köstlichster Nahrungspflanzen entwickelt, gratis.

Die Klientelpolitik diffamiert jedoch diese höchst erfolgreichen Facharbeiter als inkompetent, die Konzerne hingegen werden trotz ihrer inexistenten Erfolge als alleinige Hoffnungsträger emporgejubelt.

Weil sie irgendwann jene Wunderleistungen erbringen werden, die von den Bauern schon seit Jahrtausenden erbracht wird.

Das grüne Gold des Tresorbauer

Auf dem Signet des Agrarteils der grössten argentinischen Tageszeitung umarmt der Bauer seinen heissgeliebten... Tresor. Auf Tausenden von Kilometern leben dort nur Rinder, Soja, Mais, Getreide. Kein Haus. Kein Mensch. In der Hauptstadt Buenos Aires, durchwühlen abends Tausende die Abfallsäcke, oft mit ihren Kindern. Von der Scholle direkt zu den stinkenden Abfällen.

In Paraguay leben 85% der Bevölkerung in Armut, ein Prozent der Bevölkerung besitzt 80% des Landes, auf der Hälfte des Ackerlandes wird Gentech-Soja angebaut.

In Brasilien verlieren mit jedem Soja-Arbeiter 11 Bauern ihre Arbeit und das Einkommen der Familie, jeder fünfte Brasilianer hungert. Die Pistoleiros sorgen nicht nur in diesem Land dafür, dass die Gentech-Investoren mehr oder weniger gratis an das Land für das grüne Gold herankommen. 20 Grossgrundbesitzer und Konzerne besitzen nun dieselbe Fläche Land wie einst 3.3 Millionen Kleinbauern.

Das Sojamodell führte zu Landflucht und Slumbildung, Zerstörung von Wissen, Knowhow und Kulturgütern wie Saatgut, zum Verlust der Nahrungsmittel-Selbstversorgung, zu höheren Preisen und Hunger, und oft zu ungehemmtem Machtmissbrauch innerhalb der Regierungen. Es kam zu einer Schädigung von Gesundheit, Böden, Gewässern und Grundwasserreservoirs und v.a. verwandelt sich die Lunge der Erde, den Amazonas, in eine ungeheure, klimabedrohende Menge von Treibhausgasen.

Der New Deal des Agrarbusiness strebt eine globale Umverteilung der Gesellschaft an: Das Sojamodell – Investmentmilliarden für eine Elite und Elend für die Bevölkerung.

Die Sojabarone Südamerika zahlen keine Patente für das Saatgut, sie säen es einfach wieder aus, der Patentschutz für das Glyphosat ist abgelaufen und seine Generika billiger.

Die Patentrechte der Gentech zielen weniger auf die Patentgebühren, die vom Agrarbusiness oft nicht bezahlt werden, sondern auf die Eliminierung ihrer Konkurrenz, den Bauern, um so ein Anbaumonopol zu errichten.

Fabrik-System

Der Vorteil der RR-Technologie ist, dass das Pestizid direkt per Flugzeug ausgebracht werden kann. Der finanzkräftige Salonfarmer kann also das Spritzen nach Plan per Handy direkt aus den Metropolen anordnen. Aber nicht nur das.

Die konventionellen oder bio-Bauern müssen ihre Terminplanung an den Acker anpassen.

Das ist bei der Gentech nicht mehr nötig: Die Pflanzen werden einfach vergiftet, die Unkräuter mit Roundup, das Soja meist mit Paraquat, ein sehr toxisches Herbizid, das in der europäischen Heimat des Lizenzinhabers verboten ist.

Die Sojapflanzen werden vergiftet? Warum? Vergiftete Pflanzen vertrocknen. Reife Pflanzen vertrocknen auch, aber den Zeitpunkt der Erntereife bestimmt das Wetter. Bei Gentech spielt das Wetter hingegen nur noch Statist. Dieses Konzept wird nun auch in Europa etabliert: Bei der Sikkation, der Vorerntespritzung, u.a. beim Weizen wird hier Roundup/Glyphosat eingesetzt.

Beim Pestizidbusiness geht es nur noch um das Töten: Statt die Unkräuter nur in der Anfangsphase zu unterdrücken, werden sie vermehrt auch dann noch vergiftet, wenn sie keinen ökonomischen Schaden mehr anrichten.

Warum brauchen wir Soja? BSE – nach dem Verbot des Tiermehls wegen dem Rinderwahnsinn musste eine neue Proteinfutterquelle her. Bei einem Anbau von Zwischenfrucht- oder Untersaat-Leguminosen wären Mastfutterimporte überflüssig.

Fehlinvestition Gentech
Die Gentechnologie vereinfacht die Landwirtschaft?
Das funktioniert aber nur sehr begrenzt: Nach RR-Mais kann beispielsweise kein RR-Soja angebaut werden. Denn der Mais samt ab und wächst in folgenden Jahren ungebeten als Aufwuchs-Unkraut im Sojafeld.

Bei der Marktlancierung in Europa bezahlte der Hersteller Arbeiter, die auf den betroffenen Feldern die „volunteers" vom Vorjahr von Hand ausrissen. Wohl um zu verhindern, dass die Bauern über diesen Design-Fehler lachten: Die RR-Technologie ist nicht selbstkompatibel, sie sabotiert sich selber.

Dieses Auswuchs-Problem lässt sich nur durch Dauermonokulturen verhindern, oder den Einsatz von anderen Pestiziden. Resistente, oder gar multiresistente Unkräuter werden jedoch vermehrt zum Problem, die Herbizidmengen und -kosten sind bei der RR-Gentech zwei bis fünf Mal höher als in der konventionellen Landwirtschaft. Die schlechten Erträge bei RR-Soja sind mittlerweile so verbreitet, dass bereits RR-Anti-Ertragszusammenbruch-Wundermittelchen angepriesen werden, dass RR-Soja erträgt v.a. keinen Wassermangel.

Warum werden Sojafelder in einigen Ländern mit NPK gedüngt? Ohne Düngung braucht die Leguminose und Stickstoffproduzentin Soja kaum Hilfe, um sich gegen die schlecht ernährte wilde Konkurrenz durchzusetzen. Werden Sojafelder gedüngt, werden die Unkräuter konkurrenzfähig, dieser Unsinn wird mit dem Glyphosat-resistentem Soja noch optimiert, denn Glyphosat hemmt die Stickstofffixierung. [12]. Soja ist an sich eine problemlose Ackerfrucht, die bio Erträge in den USA gleich hoch wie gleich bei industriell, die Gewinne höher. [82-85]

Bt-Gentechpflanzen produzieren ebenfalls oft Missernten, insbesondere bei der Bt-Baumwolle fressen sich mehrere Schädlinge ungerührt durch die Felder. Anders die Säugetiere: Die indische Regierung musste Weideverbote auf den abgeernteten Bt-Baumwollfeldern erlassen, da die Tiere viel zu häufig starben. Zudem ist die Bt-Baumwolle anfällig für Krankheiten, gegen die die normale Baumwolle bisher resistent war. Die katastrophalen Ertragseinbussen trieben Hundertausende von indischen Bauern in den Selbstmord.

Bei den Gentechpflanzen sind die Erträge und Verkaufspreise meist tiefer, die Ausgaben für Saatgut und Herbizide höher und die Vermarktung schwieriger als beim normalen Pflanzen.

Der Umweg über den Aldebaran

Das Genom – ein Lego-Baukasten des Lebens?

Die Dechiffrierung des Genoms wurde euphorisch als Meisterleistung gefeiert, die Lösung all unserer Probleme schien in Griffnähe.

Ein Gen = ein Protein = eine Eigenschaft. Das Leben ist ein simpler Lego-Baukasten: Wir dechiffrieren die Gene, bauen dann ein gewünschtes Gen in ein anderes Lebewesen ein – et voilà: Die berühmte eierlegende Wollmilchsau!

Aber das klappte nicht. Trotz Milliardeninvestitionen und einem halben Jahrhundert Forschung konnten keine leistungsstärkeren Wunderwesen kreiert werden, auf den Markt gelangten lediglich zwei neue Sorten, primär für Mastfutter und Baumwolle, eine derart mickrige Erfolgsrate kann mit keiner anderen Zuchtmethode erreicht werden.

Die Gentechnologie war ein gigantischer Flopp. Warum nur?

Einen Motor auseinandernehmen ist einfach. Ihn zusammensetzen geht auch noch. Dass er dann auch noch funktioniert, ist schon schwieriger. Und erst recht, dass er nachher besser funktioniert.

Das gilt erst recht bei Lebewesen: Die wissenschaftlichen Beweise für die versprochenen Ertragserhöhungen fehlen.

Wozu brauchen wir die Gentech, wenn klassischen Züchtungen schneller, erfolgreicher und unendlich billiger sind?

Gentechnologische Züchtungen sind wie ein Umweg an den Badestrand via Aldebaran. Falls der Stern Aldebaran je erreicht werden könnte, was äusserst unwahrscheinlich ist. Warum also in den extrem schwierigen, unendlich teuren Umweg über das Weltall investieren?

Weil tolle, innovative Visionen sich gut verkaufen, wenn man ganz andere Ziele anpeilen will.

Die vergessene Steuerungs-Software

Die Gentechnologie ist der Wissenschaftszweig mit der höchsten Versagerquote. Sie besteht fast nur aus Wissenslücken und Wunschdenken, das keinen Bezug zur wissenschaftlichen Erkenntnislage zulässt, sie ist Äonen von einem wirklich funktionierenden Verständnis der genetischen Steuerung entfernt.

Ein Gen = ein Protein = eine Eigenschaft? Gene sind wie die Buchstaben des Alphabets, die Bausteinchen von „Krieg und Frieden". Buchstaben sind jedoch kontextabhängig, sie unterstehen unendlich vielen Gesetzen, der Sprache, der Grammatik, der Semantik, der Philosophie. Diese Gesetze sieht man den Buchstaben nicht an, sie bestimmen jedoch die Aufeinanderfolge der Buchstaben, und deren Fähigkeit, das Herz der Leser zu rühren.

Als es gelang, alle chemischen Elemente zu bestimmen, fing die Ära der chemischen Wunderlösungen an, nach der Ernüchterung wurde die Ära der genetischen Wunderlösungen ausgerufen.

Der „genetische Determinismus", das jahrzehntelange Paradigma der Gentechnologie, ging davon aus, dass der Einbau des richtigen Genes zur „Expression" der erwünschten Eigenschaft führt.

Eine allzu simplistische Vorstellung: Die Aktivierung der Gene wird von einem hochkomplexen System koordiniert. Viele Gene werden nie aktiviert: Bei eineiigen Zwillingen hat oft einer Diabetes, der andere nicht, an den Genen kann das nicht liegen, die sind ist ja identisch.

Gene sind nicht nur für die Hardware zuständig, für den Bau von Proteinen. Die Gene beinhalten auch die Organisations-Software.

Computer bauen sogar auf nur zwei Bausteinen auf, auch die digitale Software wird durch unterschiedliche Ebenen strukturiert.

Die Gentech bestritt über Jahrzehnte die Existenz eines intelligenten Organisationssystems für die zig-Tausend Gene eines Lebewesens. Darum arbeiteten Tausende von Forscher ihr Leben lang, ohne je einen einzigen praktisch anwendbaren Erfolg zu erzielen.

Wer die Computerprogramme nicht versteht, kommt mit dem zufälligen Austauschen von digitalen Nummern nicht weit. Computer und ihre Programme sind relativ primitiv. Lebewesen müssen ganz andere Leistungen erbringen, entsprechend komplexer sind ihre Organisationssysteme.

Die Gene bauen nicht nur die Proteine auf, sie regulieren hochkomplexe Steuerungssysteme wie das endokrine, deren multifunktionelle Enzyme für Sekundärmetaboliten wirken je nach Organisationsniveau unterschiedlich. Beim frischfröhlichen Vermischen der Gene völlig unterschiedlicher Lebewesen ist hier ein dysfunktionales Chaos vorprogrammiert. Ein Lebewesen aktiviert täglich Milliarden unterschiedlicher Gene in unterschiedlichen Zellen. Und es darf bei der Koordination dieser ungeheuren Anzahl von Zellsteuerungen nur wenige Fehler machen, sonst erkrankt der Organismus.

Wer die Komplexität der Genome weder anerkennt noch kennt, vernichtet Forschungskapazitäten, erfolgreiche Genmanipulationen sind unendlich seltener als ein Sechser im Lotto.

Inkompatible Steuerungssysteme

Nach zig Jahren erfolgloser Entwicklungsarbeit an neuen Wunderlebewesen wurde endlich die Epigenetik erfunden, die Lehre des Aktivierungsmodus des Genoms.

Die Organisationsstruktur der Gene ist sehr unterschiedlich, je nach Lebewesen.

Das hätte man schon vor langer Zeit erkennen können: Homo sapiens hat 25 000 Gene. Bohnen haben jedoch sechs Mal mehr, und Tannen, die nur gerade wachsen und Zapfen produzieren, gar zwanzig Mal mehr Gene als der Mensch.

Primitivere Wesen verfügen über weit mehr Gene als höher entwickelte.

Weil sie viel älter sind. Die Evolution verbesserte die Organisationsverarbeitung ständig, das Genom wurde immer effizienter und kleiner. Wie bei den Computern: Auch die werden kleiner, effizienter, komplexer und schlauer, je neuer sie sind. Und sie sind nicht kompatibel mit den alten Computern.

Ein Gen eines Insektes, eines Säugetieres, eines Bakteriums kann chemisch identisch sein, sein genetisches Dekodierungssystem und seine Funktion sind jedoch unterschiedlich und meist nicht kompatibel.

Vergiften ist einfach, verbessern weit schwieriger. Einzelne Gene konnten in einzelnen Fällen von einem Lebewesen auf ein anderes übertragen werden, das Bt-Giftgen und das Insulinproduzierende Gen. Ein Lebewesen zu kreieren, das eine bessere Leistung erbringt, klappte trotz einem halben Jahrhundert Forschung nie.

Gene können nicht einfach von einem Lebewesen auf ein anders übertragen werden. Als die Gentechnologie das endlich zugab, gab sie die grossen Träume auf, und erfand die Cis/Crispr-Gentechnologie, sie mixt jetzt nur noch Wesen der gleichen Art zusammen. Aber das tun Bauern und Züchter schon lange, und weit erfolgreicher, schneller und v.a. billiger als die Gentechnologie.

Trennung der Arten
Die Genetik basiert auf einem prinzipiellen Denkfehler: Die Missachtung der natürlichen Grundgesetze.
Denn eines der starrsten Regeln auf Planet Erde ist die Trennung der Arten. Eine Art umfasst alle Individuen, die miteinander eine gemeinsame Nachkommenschaft erzeugen können.
Die Natur verhindert mit einer Unmenge von Tricks die genetische Vermischung unterschiedlicher Arten, sogar innerhalb nahe verwandter Gattungen. Das hat wohl seine guten Gründe.
Die Genmanipulation bricht dieses eiserne uralte Grundgesetz.
Kann das gut gehen? Kein Flugzeugbauer käme nie auf die Idee, die Gesetze der Schwerkraft zu missachten.
Lebewesen sind so hochkomplex, dass kleine Missverständnisse schon zu grossen Problemen führen:
Menschen erkennen z.B. nicht, dass die künstlich hergestellten Pseudohormone der Weichmacher im Plastik nicht körpereigen sind und ignoriert werden müssen. Die durch solche Chemikalien gestörte Hormonsteuerung kann u.a. zu fehlerhaften Entwicklungen der Embryonen oder zu Krebs führen. Diese Erkenntnis ist an sich nicht neu, bereits beim Contergan-Skandal erkannte man, dass synthetische Fremdsubstanzen die internen Steuerungsmechanismen stören können.
Die Trennung der Arten dient wohl auch der Verhinderung solch tragischen „Verwechslungen".
Die Natur ist sehr effizient und äusserst ökonomisch. Gute Erfindungen werden in völlig anderen Zusammenhängen weiterbenutzt, allerdings spezifisch angepasst. So ist beispielsweise das Chlorophyll der Pflanzen ausser dem Zentralatom völlig identisch mit dem Hämoglobin-Molekül

der Tiere, und dem bakteriellen Vitamin B12. Ein Prinzip kann verschieden angewandt werden. Das Prinzip „Schlüssel" kann ein Haus öffnen oder ein Lenkschloss.

Eingebaute Gene sind zudem sehr instabil: In virenresistenten Gentech-Nutzpflanzen mutieren die Viren aufgrund der spezifischen Instabilität der eingebauten, rekombinanten Genkonstrukte viel schneller. Die sogenannt krankheitsresistenten Nutzpflanzen sind also hocheffiziente Brutstätten für neue Krankheiten. Ein Produkt, das Daueraufträge verspricht.

Gentherapien – eine technische Utopie
Die Gentechnologie will Erbkrankheiten verhindern, indem sie das Genom repariert?
Ein Gen für Blutgerinnung einbauen, um die Bluterkrankheit zu reparieren? Die Gerinnungsfaktoren dürfen aber nur zur richtigen Zeit aktiviert werden, sonst wird es sehr gefährlich. Und nur in den richtigen Zellen, also nicht in den Seh- und Muskelzellen. Eingebaute Gene können jedoch nicht gezielt aktiviert werden.
Die fluoreszierenden Gentechschweine hatten leuchtende Gedärme.
Die Reparatur von embryonalem Erbgut ist technisch fast unmöglich. Zudem ist es zigtausend Mal billiger, Embryonen auf genetische Störungen zu testen und „auszusortieren". Die Heilung von Erbkrankheiten war immer nur eine nette Etikette für ein technisch weit simpleres Ziel: Die Eugenetik, die pränatale Diagnostik und die Tötung der betroffenen Embryonen.
Um nur die Zielzellen genetisch zu reparieren, wurden Stammzellen genetisch manipuliert, denn die teilen sich zu den immer gleichen Zelltypen. Da jedoch bei einer Gentherapie Millionen von Stammzellen verändert werden müssen, werden oft auch die äusserst häufigen Onkogene aktiviert, die Krebsgene. Stammzellen, bei denen ein Onkogen aktiviert wurde, werden zu künstlich aktivierten Metastasen. Der Anteil der Patienten, die bei einer Therapie mit genmanipulierten Stammzellen an einem künstlich induzierten Krebs starben, ist dermassen hoch, dass sie kaum noch durchgeführt werden.

Gentherapien funktionieren schon in der Theorie nicht: Denn trotz aller Korrekturen bleiben Milliarden von Körperzellen weiterhin falsch programmiert. Und man kann nicht alle Zellkerne aller Körperzellen auswechseln, genetische Korrekturprogramme können gar nicht nachhaltig funktionieren.

Kinder nach Wunschkatalog? Bei genetischen Manipulationen an pflanzlichem oder tierischem Erbgut kommt auf eine Million Manipulationen kaum ein einziger Erfolg. Fehlerhaften Ergebnisse sind bei Pflanzen oder Tieren unproblematisch, bei Kindern wären die Konsequenzen für die Betroffenen und ihre Familien jedoch tragisch.

Erworbene vs. genetische Störung

Krankheiten mit Gentech heilen? Bei Bluthochdruck spielen ca. 100 Gene mit, desgleichen bei gewissen Darmkrebsen. Beim Brustkrebs hingegen sind fast ausschliesslich Umweltfaktoren wie die Pseudohormone der Chemieindustrie für die Erkrankung verantwortlich. Und da wo tatsächlich nur ein einziges Gen defekt ist, wie bei der zystischen Fibrose, ist keine Heilung via Gentech in Sicht.

Bei einer Erkrankung funktionierte die Zentralsteuerung meist jahrzehntelang recht gut, bevor Störungen auftraten. Es ist also nicht das Grundprogramm, das nicht funktioniert. Ein Lebewesen mit defektem Genom und Steuerung ist nicht überlebensfähig, der Fötus stirbt.

Erkrankungen werden fast immer von einer angestauten Unordnung ausgelöst, die eine chronische, unsachgemässe Nutzung hinterlassen hat.

Die meisten Schulen der Alternativmedizin greifen in die Steuerungsebenen ein, und versuchen, eingeschliffene Fehlschalten zu korrigieren: Shiatsu, Fussreflexzonenmassage, etc. rütteln und reaktivieren an den Stauzonen der energetischen Zentralsysteme, die Pflanzenheilkunden kühlen die Brandherde soweit runter, dass die überhitzten Programme wieder eine Chance auf saubere Reparaturen erhalten, die Homöopathie geht den umgekehrten Weg, sie setzt Strohfeuer auf Glimmbrände, um die schlafenden Alarm- und Reparatursysteme zu aktivieren, und die Anthroposophen suchen und reparieren die ursprüngliche Störungsursache.

Trotz ihrer konsequenten Misserfolge kann die Gentechnologie ihre medizinische Führungsrolle behaupten, und geistig behinderte und senile Menschen zu frei verfügbaren Versuchstieren degradieren. In der Homöopathie testen die Ärzte möglicherweise schädigende Nebeneffekte neuer Medikamente zuerst an ihrem eigenen Körper, und nicht an hilflosen Patienten.

Es muss erinnert werden, dass der grösste und wahrscheinlich plumpste Fälscherskandal der Wissenschaft in der Stammzellenforschung passierte, Photokopien statt Laborbeweise. Zudem zwang der betreffende Forscher Frauen zur Produktion von über 20 000 menschlichen Eizellen. Nach dem Skandal flossen die Forschungsmilliarden erst recht.

Ewiges Leben und Pharmacrops

Das finanzielle Rückgrat der Gentech ist ihre Beschwörung der magisch-mystischen Jungbrunnen der Antike, die ewige Jugend, bzw. das ewige Leben! Der Machbarkeitswahn irrealer Heilsversprechen und schon fliessen die Investitionsströme, das Zeitalter der wissenschaftlichen Aufklärung versinkt im Nebel phantastischer Visionen professioneller Scharlatane.

Die Gentechnologie verspricht ewiges Leben, für die Eliten. Und für die Armen das Gegenteil.

Das Wirkprinzip der Gentech sind die Trojaner. Unter dem Druck der Bauernorganisationen der armen Länder musste die UNO einige der allzu gefährlichen Gentechpflanzen verbieten. Denn über ihre Pollen infiziert diese invasive Technologie ihre Artgenossen auch mit sehr gefährlichen Gensequenzen:

- Der Terminator vergiftet seine Samen, sie sterben und können nicht mehr angebaut werden. Mittels Pollenflug hätten diese Gentechpflanzen die traditionellen Sorten unfruchtbar machen können, sie wurden jedoch verboten.
- Die pflanzliche Immunabwehr ist ein wohlgehütetes Geheimnis. Die Gentechnologen patentierten „Traitor"-Gentechpflanzen, die die pflanzliche Immunabwehr abschalten können. Erst wenn eine Chemikalie auf ein Feld gespritzt wird, wachsen die Pflanzen richtig. Oder das umgekehrte Prinzip: Sprühflugzeuge

können das Wachstum der Gentechpflanzen und der von
ihnen befruchteten Kulturpflanzen stoppen.

- Andere Gentechpflanzen können Männer sterilisieren. Männliche Pflanzen können schon seit langem sterilisiert werden, das klappt nun auch bei den Menschen.
- Andere Pharmacrops produzieren Insulin, Blutverdünner oder andere Wirkstoffe. Für diese sehr riskante Produktionsmethode verwendet die Gentechindustrie ausgerechnet Grundnahrungspflanzen, und nicht etwa seltene Wildpflanzen.

Warum blockiert Gentech die natürliche Immunabwehr von Ackerkulturen?

Warum werden Maispflanzen hergestellt, die Männer sterilisieren können? Warum arbeiten die Biotechnologen an solchen Zielen?

Genauso schockierend ist ihre stillschweigende Duldung:

Warum sind Patente für sterilisierende Grundnahrungsmittel überhaupt legal?

Warum ist eine unfreiwillige und unwissentliche Sterilisation von Menschen legal?

Warum verbietet die Justiz solche Patente nicht?

Nicht nur Pflanzen und Tiere werden patentiert, die Biotechnologie arbeitet am Zugriff auf den Patentgegenstand Mensch.

Patentierte Menschen? Unsinn! Natürlich, nur menschliche Gene sind patentierbar, nicht ganze Menschen. Allerdings wird die Unterscheidung zwischen echten Menschen und nicht ganz echten Menschen in Riesenschritten vorangetrieben: Der Verkauf menschlicher Föten ist bereits ein grosses Geschäft. Geistig behinderte bzw. senile Menschen dürfen neu dank den Biotechfirmen als Versuchspersonen definiert und genutzt werden, die juristischen Rahmenbedingungen wurden bereits angepasst, die Menschenrechte gelten höchstens noch für „normale" Menschen.

Die Gentechnologie arbeitet auch an Mischwesen aus Mensch und Kuh, oder Mensch und Schaf, der Nutzen dieser Forschung ist etwas unklar. Patentierte Mäuse ohne Köpfe offenbaren jedoch die Visionen der Biotech: Menschen ohne Köpfe unterstehen nicht mehr den Menschenrechten, sie können als ideale, kompatible Organbanken für Superreiche gezüchtet werden.

Verschwörungstheoretische Horrorparanoia? Die Millioneninvestments, um kopflose Mäuse oder männersterilisierender Mais zu patentieren, sind ein unleugbarer Tatbeweis eines fürwahr horrenden Ausmasses der Unzurechnungsfähigkeit unserer geistigen Elite.

Gentech - die Fortschrittsblockade

Ein einziges Prozent der Gentech-Forschungsgelder hätte für eine globale Umstellung auf eine günstigste und gesunde Nahrung im Überfluss genügt.

Diese Erfolgsquote gilt auch für den medizinischen Bereich. Wissen ohne Nutzen ist sinnlos. Auch in der Medizin. Wichtig ist zu wissen, wie man heilt.

Vieles über die Gene zu wissen, und doch nicht heilen zu können, ist keine Wissenschaft.

Sondern ein Bluff, der seit Jahrzehnten jeden echten Fortschritt blockiert.

Warum nutzt die Medizin nicht einfach das Volkswissen und die Naturheilkunde?

Die Bibliotheken mit medizinischen Erfahrungswerten könnten schnell und effizient mit wissenschaftlichen Methoden verifiziert werden. Wenn man denn das Geld dafür hätte. Aber die Gentech ist eine gigantische Vernichtungsmaschinerie für Forschungsgelder. Und Fortschritt.

Weil die Heilung von Krankheiten mit Blumen aus Wald und Weide viel zu billig ist.

Die Medizin ist viel älter als homo sapiens, Tiere fressen nicht nur gezielt Heilpflanzen, dieses Wissen ist genetisch fixiert, es sind Koevolutionen, die mit biochemischen Geschmackserkennungen funktionieren.

Der Tunnelblick der Gentechnologie ist die beste Methode, um Heilungen zu verhindern: Gentech will Krebs heilen? Die effizienteste Methode wäre, wenn die Pestizidabteilungen dieser Konzerne aufhören würde, Nahrung und Bevölkerung mit sinnlosen, krebserregenden, quersubventionieren Gifte anzureichern.

Die „substanziell gleichwertige" Vergiftung

Bt-Gentechpflanzen produzieren in ihren Zellen ein bakterielles Insektizid, sie wurden jahrelang angebaut und auch von Menschen gegessen.

Die Gentechnologie konnte die wissenschaftliche Beweisbarkeit der Schädigungen verhindern, indem sie sämtliche demokratischen Entscheidungsprozesse umging: Der Gentech-Mais, der alle Insekten vergiftet, die an ihm fressen, sei „substantiell gleichwertig" mit normalem Mais. Auch die „Pharmacrops" die Blutverdünner oder gar Sterilisatoren produzieren, seien ungefährlich. Weil es angeblich noch nie gesundheitliche Probleme mit Gentech gab?

L-Triptophan, eine Gentechkopie eines Milchbestandteils, forderte Dutzende von Todesopfern, über Tausend Konsumenten wurden schwer geschädigt.

„Substanziell identisch"? Noch nie sind Tausende von Menschen von Milch schwer geschädigt worden. Milch tötet auch nicht.

Die Ursache dieser Inkompatibilität wurde nie korrekt untersucht, ergo nicht identifiziert, und somit konnte Gentech weiterhin auf seinem offiziellen Unschädlichkeitsattest beharren.

Giftproduzierender Mais sei identisch mit normalen Mais - und darum patentierbar?

Warum soll eine angeblich identische Kopie eine patentwürdige Entwicklung sein?

Die Gentechnologie verbunkert sich hinter ihrer gewohnten betrügerischen Un-Logik: Der Bt-Mais sei zwar identisch mit dem normalen Mais, er hat aber einen patentfähigen Unterschied, er ist giftig.

Aber angeblich nicht für Menschen? Leider wurden kaum wissenschaftlich aussagekräftige Fütterungsstudien mit giftproduzierenden Bt-Gentechpflanzen durchgeführt: Pestizide müssen bis zu zwei Jahre getestet werden, gentechnologisch veränderte Pflanzen aber nur drei Monate. Lebensbedrohenden Veränderungen werden jedoch meist erst bei Langzeitversuchen sichtbar.

Langzeitstudien und -beobachtungen ergaben Erschreckendes, die Liste der Gesundheitsrisiken durch giftproduzierende Gentechpflanzen ist alarmierend: Krebs, verringerte Fruchtbarkeit, Aborte, Veränderungen im Immunsystem, Leber- und Nierenschäden, Allergien, Wachstumsstörungen, Blutveränderungen, Verhaltensstörungen bei Kindern, usw. Sie stimmt Grossteil mit den Erkrankungen überein, die durch Pestizide und andere Gifte der Chemieindustrien erzeugt werden.

Dennoch werden die ärmeren Länder gezwungen, gegen ihren Willen Gentech zuzulassen, denn Gesundheitsbedenken seien laut der WTO Wettbewerbsverzerrungen.

Es kam zu einer Beweislastumkehr: Ein Land darf potentiell gefährlichen Produkten nicht präventiv die Bewilligung verweigern. Nur wenn es Untersuchungen finanziert, die eine Gefahr nachweisen, darf es einem Industrieprodukt die Zulassung verweigern.

Die internationalen Gremien können die Regierungen zwingen, ihre Bevölkerung mit potentiell giftigen Nahrungsmitteln zu gefährden oder gar zu vergiften, ein solches Rechtsverständnis ist ein historisches Novum.

Die Drehtür-Selbstkontrolle

Jedes Auto muss durch den TÜV, bevor es auf die Strasse darf. Was der TÜV an den Autos zu kontrollieren hat, bestimmt der Staat.

Die EU-Kommission ist auch für die Gentech-Bewilligung zuständig, aber ihr Pflichtenheft ist äusserst umfassend: Dieses Exekutivorgan der EU sorgt für die korrekte Ausführung der europäischen Rechtsakte, die Umsetzung des Haushalts und der Programme, sie verhandelt die Handelsinteressen der EU auf internationaler Ebene, und repräsentiert sie bei der WTO. Viel Verantwortung, da bleibt wenig Zeit für Details wie eine korrekte Risikobewertung. Die Kommissare stammen v.a. aus dem Wirtschaftsraum, sie verfügen über keine Fachkenntnisse in Biologie oder Gentechnologie.

Um Sonderrechte durchzusetzen, nutzt die Gentechindustrie das Drehtür-System: Die Industrie-Experten kennen sich bestens in der Materie aus, sie werden von den Regierungen eingestellt, um jene Gesetze und Sicherheitsbestimmungen definieren, an die sich ihre Industrien zu halten haben. Danach kehren die Lobbyisten zu ihrer nun fürstlich bezahlten Anstellung in ihrer Industrie zurück.

Diese Art von Selbstkontrolle wurde zwar kritisiert, nach einer ganz kurzen Transparenzphase installierte sich erneut eine Klientelpolitik. Selbst die Rügen der US Wissenschaftsakademie und Gerichtsurteile wegen ungenügenden Sicherheitsprüfungen konnten den laschen Umgang des

US-Agrarministeriums bezüglich der Gentechpflanzen nicht beeinflussen.

Die Sicherheit der Nahrung wird Laien anvertraut, die ihre Entscheidungen auf die Empfehlungen der Verkäufer abstützen. Statt auf eine demokratische Konsensfindung.

EU-Kommissionen und Zulassungsbehörden engagieren sich mehr für den Schutz gefährlicher Industrien als für den Schutz der gefährdeten Bevölkerung.

Die Eliminierung der Wahlfreiheit

Die Konsumenten wollen keine Gentech essen? Mit einem simplen Trick sollten sie dazu gezwungen werden: Vermischen.

Da normal und Gentech sowieso substanziell gleichwertig sei, können die Speicher, Mühlen, Transporter etc. beide Qualitäten gemeinsam verarbeiten. Somit existiert keine freie Wahl mehr, alle Nahrungsmittel enthalten die Gifte der Gentechproduktion. Das Label „ohne Gentech" wurde von der WTO zeitweilig als Handelsverzerrung verboten.

Es stimmt jedoch nicht, dass die Kleinen nie zählen: Eine Handvoll Leute kann manchmal eine ungeheure Gefahr abwenden. Wenn sie im richtigen Moment am richtigen Ort das Richtige tut. In der buchstäblich allerletzten Sekunde konnte die Strategie der Eliminierung eines Nicht-Gentech-Warenflusses verhindert werden: Ein NGO-Netzwerk konnte eine Supermarktkette überzeugen, dass „gentechfrei" den Kundenwünschen entspricht und ein ausgezeichnetes Werbeargument ist. Es folgten andere Handelsketten und gewiefte Landesregierungen, ein internationaler Nahrungsgigant witterte die ungeheure Marktlücke und nutzte sie. Die generelle Einmischung von Gentech in unsere Nahrungsmittel konnte so in vielen Ländern verhindert werden.

Gentechfrei gehört zu den sichersten Lebensmittel-Investmentstrategien, garantierte, riesige Absatzmärkte bevorzugen diese Ware. Viele Länder, Regionen, Lebensmittelkonzerne, Supermärkte, Kooperativen, berühmte Marken, Getreide- und Saatgutproduzenten, Verarbeitungsindustrien, Transport- und Lagerfirmen, Zertifizierungsbetriebe und Forschungslabors setzen auf gentechfreie Produktion. In vielen Ländern und bei den Futtermitteln existieren aber noch grosse Marktlücken.

Kollegenschelte
Von Seiten der wissenschaftlichen Gemeinde hagelt es Kritik an der
Gentechnologie, sie wird von Politik und Investment jedoch ignoriert.

- Kritische Informationen über die Gentechnologie werden der Öffentlichkeit vorenthalten. Eine unabhängige, unparteiische wissenschaftliche Forschung und Beurteilung der Risiken der Gentechnologie existiert nicht.

- Die Gentechnologie muss keinerlei gesellschaftliche oder juristische Verantwortung und Rechenschaftspflicht übernehmen.

- Bei der Ausarbeitung der Verordnungen scheinen die Behörden
  ihre Aufgabe in erster Linie in der willfährigen Verbreitung der
  Gentech-Propaganda und Strategie zu sehen und nicht in der Ent-
  scheidung aufgrund kompetenter Informationsgrundlagen.

- Forschung und Aufsicht der Gentechnologie scheinen sich in per-
  manenten kommerziellen und politischen Interessenkonflikten zu
  befinden. Wissenschaftler, die industriefeindliche Forschungsergebnisse der Öffentlichkeit zu übermitteln versuchen, werden an-
  gefeindet bis verteufelt.

- Viele gesetzgebende und beratende Kommissionen verleugnen die
  wissenschaftlichen Nachweise der Schädigung an Gesundheit und
  Umwelt. Trotz dem völligen Versagen im Feld wie auch im Labor
  wiederholt das wissenschaftliche Establishment die Behauptungen
  der Agrar-Korporationen über den angeblichen Nutzen von Gentech. Die Belege für einen nachhaltigen Nutzen der Agrargentechnologie für Umwelt, Gesundheit, Nahrungsmittelsicherheit und so-
  zialem Wohlergehen der Bauern und ihrer lokalen Gemeinschaften werden von der Wissenschaft stets zurückgewiesen.

- Sowohl die Investmentberater wie auch die Gentech-Multinatio-
  nalen und ihre Shareholders hinterfragen die Weisheit des „Unternehmen Gentech". Es wird nur widerstrebend zugegeben, dass die
  Finanzierung der akademischen Gentech-Forschung durch Konzerne am Schwinden ist.

Fazit: Gentech – die subventionierte Investmentblase
Die Gentech ist der wohl grösste technischer Flopp aller Zeiten.

Ein halbes Jahrhundert Forschung und Milliardeninvestments erbrachte im Agrarbereich keinerlei Erfolge, Ertragssteigerungen oder andere Vorteile, die Liste der schädlichen Effekte ist allerdings beängstigend.

Die Agrargentechnologie versprach jede Menge Patentlösungen, real erschuf sie lediglich eine juristisch fragwürdige Patentierung von Lebewesen.

Keine Erfolge heisst auch keine Existenzberechtigung: Die Gentechnologie ist eine milliardenschwere Investmentblase.

Die bio-Konkurrenz erfüllt heute schon alle (real machbaren) Versprechen der Gentechnologie, gratis und ohne Patentrechte.

Die Gentechnologie ist eine Wüste aus Wissenslücken, ein gigantisches Betrugskonstrukt aus Bluffs und Fakes. Euphorie, Blauäugigkeit und Erfolgsdruck verleugneten die Komplexität der Materie, die Profitgier kaschiert die Misserfolge.

Der einzig real beweisbare Erfolg der Gentechnologie sind Vaterschaftstest und genetischer Fingerprint, alle anderen Gentechprodukte existierten schon vorher besser und billiger.

Bei einer dermassen hohen Versagerquote könnte vermutet werden, dass kein vernünftiger Investor eine solch chronische Misserfolgssträhne finanzieren würde. Darum mussten die Entwicklungshilfe und die Klimaschutzstrategie Agrarsprit mit ihren Milliardensubventionen die Gentech-Investmentblase retten. Bei allen Grundnahrungsmitteln der Welt existieren genmanipulierte Sorten, als „Bio"-Ethanol getarnt lauern sie auf die Chance für eine Invasionsoffensive. Da sie nicht gegessen werden, können sie nicht wegen Gesundheitsbedenken verboten werden, aber sie können das gesamte Saatgut mit ihren Patentansprüchen kontaminieren.

Undeklarierte, omnipräsente giftige Bt-Gentech-Nahrungspflanzen würden eine generelle, lukrative, tödliche Hintergrundvergiftung bewirken. Der Pollenflugwürde langfristig jedes Ausweichen auf ungiftige Nahrungsmittel verunmöglicht.

Ebenso die Zuordnung von Schadenersatzansprüchen.

Die Patentrechte für die Gentechsorten und die Anbauverbote für die traditionellen Sorten ermöglichen den Aufbau eines lukrativen Saatgut- und Lebensmittelmonopols. Dessen lukrativstes Kundensegment die

Bewohner der Industrieländer sind. Die diesen ganzen Irrsinn finanzieren müssen.

Die globalisierte Hungerfalle: Das Patentrezept der Grossen Heuschrecken

Der Garten Eden
Die Agrarpolitik beklagt, dass der freie Markt keinen Anreiz für soziale Gerechtigkeit habe.
Bio und fair trade ermöglichen den Schutz von Mensch, Klima und Umwelt. Bio ist einer der expansivsten Märkte der Welt, das Green Investment könnte den globalen Umstieg auf bio und fair finanzieren.
Heureka, die Lösungen für die drängendsten Probleme sind da.
Allerdings wäre die Agrarindustrie dabei überflüssig.
Also muss die Agrarpolitik verhindern, dass der freie Markt ein Paradies für Alle aufbaut. Bevor das Green Investment merkt, dass die Agrarindustrie eine Investmentblase virtueller Erfolge ist.
Hunger ist kein landwirtschaftliches Problem, sondern ein wirtschaftliches. Es fehlt weder an Nahrungsmitteln, noch an Land, noch an Düngemitteln. Die Menschen hungern, weil sie zu wenig Geld oder Ackerland haben, das sind die wahren Engpässe. Eine Milliarde Menschen hungern, weil sie als Familien landloser Feldarbeiter keinen Zugang zur Ressource Ackerland haben. Sie brauchen eine Landreform und eigenes Land. Oder genug Arbeit und genügenden Lohn.
Das einzige Problem der Landwirtschaft sind die Ziele der Agrarpolitik: Ihr Ziel ist nicht der Schutz der Menschen, sondern der Schutz einer an sich völlig überflüssigen Giftindustrie.
Sie forciert Lösungen, die weder den Bedürfnissen der Hungernden, noch der Bauern, den Konsumenten, dem Handel und schon gar nicht Klima und Umwelt dienen.
Sondern einzig den Profiten der Agrarindustrie.

Cui bono?
Die Agrarpolitik vertraute die Lösung des Hungerproblems Managern an, die in einer Minute mehr verdienen als Hungernde in einem ganzen Leben.
Das ist, wie wenn man einem Vegetarier das Braten des Spanferkels anvertraut.

Eine bessere Welt für Alle kann nur erreicht werden, wenn das tatsächlich beabsichtigt wäre.

Die Existenzberechtigung der Pestizidindustrie beruht einzig auf ihren angeblichen Hocherträgen gegen den Hunger. Die sie dann aber doch lieber hochsubventioniert an übergewichtige Autos verfüttert.

Die Agrarpolitik vertraut die landwirtschaftliche Führungsrolle eiskalten, gewieften Managern der Nahrungs- und Agrarkonzerne an, die händeringend ihr ansonsten nie existierendes Gewissen beschwören. Ihr Auftrag ist es nicht, die Gewinne ihrer Industrien der Moral und den Menschenrechten zu opfern. Sondern umgekehrt.

Die Agrarchemie dient einzig ihren Profiten. Und der Kundenrequirierung für die benachbarte Pharmaabteilung.

„Quien quieres impoderar"? Wem wollen wir die Macht über die Nahrungsversorgung anvertrauen?

Die zerstörerischen Auswirkungen ihrer bisherigen Hungerhilfe auf die Volkswirtschaften der armen Länder werden von Entwicklungsexperten mit Verbitterung konstatiert.

Die „grünen Revolutionen" des Agrarbusiness

Jeder Rettungsplan überprüft zuerst den Leistungsausweis der bisherigen Hilfsstrategie und eruiert die Ursachen unbefriedigender Resultate. Die Millenniums-Offensive der UNO ist ein Remake der „grünen Revolution", der Hungerhilfe der Agrarindustrie. Als in den 60-Jahren das Vertrauen der Konsumenten in den Nutzen und die Harmlosigkeit der Pestizide erschüttert wurde, und der Trend zu bio sich zu entfalten begann, musste die bedrohte Agrarchemie neue Absatzmärkte sichern: Ausserhalb der Industriestaaten.

Die agrarindustrielle Hungerhilfe brauchte eine nette, wenn auch etwas gewagte Etikette: Die „grünen Revolution". Nur war die weder revolutionär noch grün, sondern das pure Gegenteil von sozialer Gerechtigkeit und Respekt für die Umwelt.

Neben Krediten für Kunstdünger forcierte die internationale Hungerhilfe Pestizide, künstliche Bewässerung und Hybrid-Saatgut, wohlwissend, dass Hybriden ausschliesslich unter optimalsten Bedingungen gut funktionieren; bei zu wenig oder zu viel Regen, bei Schädlingen oder

Krankheiten sind Ertragsdepressionen unvermeidlich, später ergänzte die Milleniumshilfe dies noch mit Gentech-Saatgut.

Die Entwicklungsexperten kritisierten, dass die „Grüne Revolution" die Armen nur noch ärmer machte. Sie führten einen neuen Fachbegriff in die Entwicklungspolitik ein, das „grüne-Revolution-Syndrom": Die „Umweltdegradation durch Verbreitung standortfremder landwirtschaftlicher Produktionsverfahren". Die Böden wurden ausgelaugt und erodiert, das Trinkwasser von Pestiziden belastet, die kleinen Bauern bankrott und ihr Land konfisziert. Und die Bevölkerung verarmte erst recht.

Während die Bilder der verhungernden Kinder im Sahel die Welt erschütterten, exportierte genau dieser Sahel mehr „grüne-Revolutions"-Baumwolle, Fleisch, Gemüse und Getreide an die reichen Länder als diese an Almosen zurückschickten.

Vor dem Einmarsch der Kolonialisten kannten die stolzen Savannenbewohner weder Elend noch grössere Hungersnöte. Die paradoxe Therapie der grünen Revolution, (Baumwoll-)Exporte für die Kreditrückzahlung statt Grundnahrungsmittel für die Bevölkerung zu forcieren, führte immer tiefer in die Hungerkatastrophe.

Der grosse Architekt der grünen Revolution erhielt für diese Leistung den Nobelpreis.

Die Weltbank wurde gegründet, um den Armen zu helfen. Seit Jahrzehnten engagiert sie sich zuvorderst in der Hungerpolitik. Im Namen der Hungerhilfe opfert sie nicht nur Wald und Klima, sondern v.a. die Menschen: Die Hungersnöte in Darfur, bzw. im Sahel sind weniger klimatisch bedingt, die UNO-Wirtschaftsabteilungen verboten den Regierungen die seit Pharaos Zeiten vorgeschriebene Lagerhaltung von Getreide. In den äusserst fruchtbaren Halbwüsten des Sahel folgen auf die guten, regenreichen Jahre immer Dürreperioden. Die Industriemächte missbrauchen nun sogar die von ihnen verursachte Klimaveränderung, um die traditionellen Abfederungssysteme zu vernichten.

Stattdessen finanzieren sie sogar den Bananen- und den Agrarspritanbau in den Halbwüsten, die künstlichen Bewässerungen pumpen die unterirdischen Wasserreserven leer, die Brunnen versiegen, die Herden und ihre Hirtenvölker sterben. Die Investmentstrategien für die Bodenschätze wie Erdöl und Uran wandeln die einstige Kornkammer Sahel gezielt in ein Katastrophengebiet um.

Diverse internationale Untersuchungen zeigten auf, dass in jenen Ländern, in denen die Agrarproduktion gesteigert wurde, es den Armen nachher wesentlich schlechter ging, der Anbau von Exportgütern verbesserte ihr Einkommen keineswegs, im Gegenteil, die von den Geberländern angeordnete Zerschlagung sämtlicher staatlichen Schutzfunktionen führte zu einer Zerstörung der sozialen Strukturen.

Burnout - die Politik der verbrannten Erde

Die Entwicklungsländer sind grosse, selbständige und daher gefährliche Agrar-Konkurrenten der Agrarindustrie, sie können ein Nahrungsmonopol problemlos unterlaufen. Dank bio und fair trade könnten sie gar zu Landwirtschaftsmächten avancieren.

Das musste verhindert werden: Der Agrarfreihandel ordnet das Bauernsterben als angebliche wirtschaftliche Notwendigkeit und Patentlösung an. Während seine Händler das Getreide an den Warenterminbörsen um das Mehrfache teurer verkaufen als sie es erwarben.

In Afrika und Asien wird der Riesenanteil des Landbesitzes immer noch von der sozialen Tradition kontrolliert und geschützt, zudem verfügt sie über eigenes Saatgut. In Lateinamerika befindet sich ein Grossteil des Ackerlandes ungenutzt im Besitz der Eliten.

Die Umsetzung der von Präsident Lula versprochenen und hart erkämpften Agrarreform in Brasilien konnte mit den Milliardeninjektionen der Investmentfond IFC der Weltbank verhindert werden, stattdessen ermöglicht die Amazonasverbrennung nun lukrative Agrarexporte.

Bis zu 80% der Lebensgrundlagen der ländlichen Bevölkerung in den nicht-industriellen Ländern stammen aus der Subsistenzlandwirtschaft. Die internationale Agrarpolitik konzentriert sich darauf, diese marktbeherrschende, auf regionale Selbstversorgung ausgerichtete low-Input Landwirtschaft in eine Exportlandwirtschaft umzuwandeln: Die Hungerhilfe der Tabak- und Baumwollplantagen.

Die meisten Kleinbauern erwirtschaften ihren Lebensunterhalt selbständig, die Betriebe funktionieren ohne oder mit äusserst bescheidenen Investitionen. Diese genügsamen, dauerhaften Systeme sollen mit der Subprime-Strategie destabilisiert werden: Kreditschulden gefährden die Existenz der Höfe.

Die Bank gewinnt immer: Jedem Bauer seine eigene kleine Investmentblase, entwickelt von echten Experten: Den Architekten der grossen Finanzkrise.

Die Kredite verlangen bis zu 100% Zins für den Kunstdünger, der oft alleine schon zwei Monatseinkommen kostet. Pflanzen brauchen genauso wenig Kunstdünger und Pestizide, wie Bauern Kredite dafür, überflüssige Fehlinvestitionen ermöglichen den Bankrott der Betriebe und die feindliche Übernahme des Ackerlandes durch das Agrarbusiness.

Mit dem Bauernstand verschwindet auch der Binnenmarkt.

Die internationale Agrarpolitik wandelt die lebensnotwendige Ressource Land in ein Risikokapital um. Ackerland ist kein Investmentkapital, Ackerland ist die einzige Nahrungsquelle für Milliarden von Menschen. Die Thinktanks der Investorengruppen passten ihre Strategien dem Zeitgeist an, das Landgrabbing segelt neu unter der Flagge des Klimaschutzes. Die UNO-Experten hatten in ihren Expertisen über illegale Abholzungen festgestellt, dass „Gemeinschaftsbesitz schwieriger zu schützen sei als Privatbesitz". Die Privatisierung gemeinsamer Landrechte und Allmenden sei also Klimaschutz, und folglich dürfe das Land, das seit Generationen von Kleinbauern ohne Besitzurkunden genutzt werde, von der Regierungselite an reiche ausländische Investorengruppen verkauft werden. Bisher war Landraub meist illegal, aber dank der internationalen Gemeinschaft werden Enteignungen von Land und Gewässer für Exportkulturen wie Blumen, Agrarsprit und Shrimpszuchten zunehmend legalisiert.

Die Agrarpolitik und -industrie zeigen weder Einsicht noch Besserung, sie finanzieren auch 50 Jahre nach der ersten Grünen Revolution weiterhin ihre Remakes der Ressourcenzerstörung: Sie verlangen staatliche Subventionen für Kunstdünger-Kredite, um „die mangelnde Nährstoffversorgung der Böden auszugleichen". Gründünger wie Linsen oder Bohnen ernährten Mensch und Boden seit Jahrtausenden. Die Ursachen der Bodenerschöpfung werden ausgeblendet: Die US-Agrarindustrie produziert mit ihren sehr hohen Kunstdüngergaben geringere Roggenerträge als die seit über 100 Jahren nie gedüngte Roggenmonokultur in Halle, Deutschland. [77]

Tropische Böden sind weniger abgepuffert, die Erträge stiegen zuerst dank Kunstdünger und Bewässerung rapide an, fielen dann aber trotz zusätzlichem Kunstdünger und Kalk innerhalb von zehn Jahren unter das ursprüngliche Niveau, manchmal sogar auf null.

Die Burnout-Böden einer unbedachten Chemo-Euphorie sollen erneut mit noch mehr Kunstdünger gedopt werden.

Die Finanz- und Machtbasis der Initiatoren aller „Grünen Revolutionen" ist originellerweise das Erdölbusiness, dank seiner Agrarsprit-joint-venture ein Mitverursacher der Hungersnöte.

Der Ausverkauf der Völker

Was will die internationale Hungerpolitik? Ihre offizielle Strategie wirkt etwas verworren: Sie verordnet den ärmsten Ländern eine exportorientierte Landwirtschaft, die Produktion von Kolonialwaren wie Baumwolle, Kaffee, Kakao, Tabak. Und den Lebensmitteleinkauf auf dem internationalen Markt.

Begleitend dazu zerstört sie die Lebensmittelpreise in diesen Ländern durch Nahrungsimporte zu hochsubventionierten Dumpingpreisen, so dass der Binnenmarkt und der soziale Friede zerschlagen werden. Oft sind allein schon die Transportkosten der einheimischen Produkte in die fernen Hauptstädte höher als die Billigimporte aus den Industrieländern.

Vor kurzem noch verlangten die reichen Länder bis zu 400 Prozent Schutzzoll auf exotische Früchte, damit wurde den Agrarprodukten der armen Länder der Marktzugang zu den reichen Ländern verwehrt. Die armen Länder hingegen durften nur wenige Zollprozente auf Industrieimporte erheben. Im Rahmen der Wirtschaftsharmonisierung wurden die Schutzzölle generell abgeschafft

In den Industrieländern selber ist Dumping als gezielte Strategie der Wettbewerbsverzerrung verboten, das Subventionieren von Dumpingpreisen gegenüber den armen Ländern blieb aber erlaubt.

Die irische Hungersnot diente einst der Machtkonsolidierung des Empire, diese Planspiele des Grauens werden nun optimiert: In Ruanda war es eine staatliche Entwicklungshilfe, die mit ihren allzu massiven Hilfslieferungen die Marktpreise und Bauern ruinierte, sekundiert von einem vom gleichen Staat finanzierten Radiosender, der zum Genozid aufrief. Ruanda verfügt, wie der benachbarte Kongo, über Tantal-Erz für Computer, der nicht ganz legale Haupt-Abnehmer ist origineller weise... eine sehr grosse Agrar- und Chemiefirma.

Unter dem Mäntelchen der Armutsbekämpfung fördert die Weltbank die Vernichtung der kongolesischen Wälder, dieses Gratis-Supermarkt für die Ärmsten. Der Hunger ist in diesem an Bodenschätzen überreichen und klimatisch sehr verwöhnten Land massiv. Die Regierung, unterstützt von der Weltbank, propagiert den industriellen Holzschlag gegen Armut, per Kontrakt soll die Bevölkerung von den Milliardenschweren Holzschlagrechten profitieren, in der Realität wurden sie jedoch billig mit secondhand-Kleidern abgespeist.

Eine neue Epoche der Sklaverei

Malawi ist ein Prestige-Objekt der Entwicklungszusammenarbeit, der philanthrope Finanzmarkt investiert in die Exportplantagen, der grössere Teil der Einnahmen kommen aus den Tabakexporten. Die Produktion ist sehr kompetitiv: Fünfjährige Kinder pflücken und verarbeiten die Tabakblätter, dabei werden sie enormen Nikotinmengen ausgesetzt, die sie schwächen. Erfüllen sie ihr Soll nicht, werden sie misshandelt, oft auch sexuell. Viele erreichen das Erwachsenenalter nicht.

Kleinkinder, unsere innovativen Arbeitssklaven, zu Tode geschunden und geschändet. Während versklavte Kindersoldaten als Billigstmörder die Exporte der Minen beschützen.

In Südamerika müssen spezialisierte Polizeieinheiten Sklavenarbeiter aus den Zuckerethanol- und den Sojaplantagen befreien. In Asiens industrieller Landwirtschaft nimmt v.a. die Kreditsklaverei zu.

Weltweit gibt es heutzutage mehr Sklaven als in jeder anderen Epoche.

Knebelverträge treffen zunehmend auch die Bauern der Industrieländer.

Einst garantierten staatliche Vermarktungsorganisationen ein Mindesteinkommen, in den ärmeren Ländern erzwangen die Strukturanpassungsprogramme des IWF die Abschaffung dieser „restriktiven Handelshemmnisse".

Offiziell sind die Armen arm, weil sie unfähig sind, sich selber zu ernähren, bzw. ihre Landwirtschaft an die Klimaveränderung anzupassen. Darum brauchen sie das höherentwickelte Wissen der überlegenen weissen Zivilisation. Diese Analyse der Problematik ist rassistisch, mit diesem humanistisch verbrämten Argument befehlen und kontrollieren die einstigen Kolonialmächte die Handels- und Agrarpolitik ihrer Untertanen.

Das Ziel der Agrarpolitik und ihres angestrebten Nahrungsmonopol ist es, das lukrativste Kundensegment genau gleich zu behandeln und auszubluten: Die Bewohner der Industrieländer.

Die zentrale Ursache, warum die Krisen Schlange stehen, ist unsere Überzeugung, dass nur mächtige weisse Männerbünde fähig seien, Lösungen zu finden, sekundiert der einheimischen Elite.

Die industrielle Hungerhilfe

"The food business is far and away the most important business in the world. Everything else is a luxury. Food is what you need to sustain life every day. Food is fuel. You can't run a tractor without fuel, and you can't run a human being without it either. Food is the absolute beginning." Dwayne Andreas, ehemaliger Vorsitzender der Archer Daniels Midland.

Die gleiche Firma, die Nahrungsmittel verkauft, verkauft nun auch Mais-Ethanol. In ihrer Marktanalyse rechnet sie mit einer erhöhten Nachfrage, Preise und Profite. Und verlangt, dass staatliche Fördermittel für Bauern abgeschafft werden. [101]

Das Ziel der (inter-)nationalen Agrarpolitik ist die Eliminierung der Konkurrenz: Der traditionellen Landwirtschaft und des trendigen bio. Und der Aufbau eines globalen Nahrungsmonopols.

Das Agrarbusiness betrachtet die Inszenierung von Hungersnöten als lukrative Gewinnstrategien.

Deren profitabelste Opfer die Bewohner der Industrieländer sind: Die Reichen zahlen jeden Preis, um nicht auch selber zu (ver-)hungern.

Wie errichtet man ein globales Nahrungsmonopol, um die Bevölkerung der Industrieländer mit der Hungerwaffe erpressen zu können? Die Strategien der feindlichen Übernahme der weltweiten Nahrungsproduktion durch das Agrarbusiness wurden zu einem beträchtlichen Teil von der wichtigsten Beraterfirma der Agrarindustrie erarbeitet, den Thinktank-Experten für die möglichst billige „Bewältigung" der grössten industriellen Grosskatastrophen der letzten Jahrzehnte, Bhopal und Exxon Valdez.

Wer ist mächtig genug, um sich über die Wünsche von Mensch und Markt hinwegsetzen zu können?

Um eine globale, lukrative Hungerfalle aufzubauen, bedarf es vertrauenswürdiger Initiatoren: **Das** Agrarbusiness mobilisierte die einflussreichsten Seilschaften der Macht: Die UNO-Wirtschaftsabteilungen WTO, IWF, Weltbank und das gigantische milliardenschwere Kapital ihres privaten Investmentfonds IFC. Die Entwicklungshilfe war schon lange das Einfallstor für die Programme der UNO-Wirtschaftsabteilungen zur Abschaffung der Staatsaufgaben, und deren Privatisierung durch die internationalen Konzerne. Die UNO schätzte die Kosten auf fünfzig Milliarden Dollar, ein Budget, das dank der Hilfe philanthroper Milliardäre erbracht werden konnte.

Das Ziel der Hungerhilfe der Mächtigsten und Reichsten dieser Erde ist der Aufbau einer Elite, die ihrer Bevölkerung nachhaltig den Zugang zu den natürlichen Ressourcen versperrt: Die Restrukturierung des Nahrungssektors verlangt, dass die Landwirtschaft primär für den Export produziert und die Bevölkerung vom internationalen Markt versorgt werden. Das in Afrika von den Kolonialmächten installierte, fatale Risikosystem soll nun globalisiert werden. Die Vergiftung, Zerstörung und

Verknappung der lebensnotwendigen Ressourcen und Produktionsmittel Ackerland, Wasser und Saatgut ermöglicht das Arrangement von lukrativen Nahrungsengpässen und optimale Profite für die Nahrungsspekulation.

Der Berg der Enttäuschung, Mount Deception

Aber wie konnte die UNO eingespannt werden, um eine globale Hungerfalle einzufädeln?

Am Fusse des Berges „mount deception", der „Berg der IrreFührung" (!) in Bretton Woods, fanden sich gegen Kriegsende 1944 die Alliierten zusammen, um ein neues Weltwährungssystem festzulegen. Sie gründeten die Weltbank, den IWF, den internationalen Währungsfond und die Vorläuferin der WTO, der Welthandelsorganisation.

Diese Wirtschaftsabteilungen der UNO folgten brav den Ruf ihres Berges: Die ursprünglich sozial verpflichteten Grundideen wurden eingetauscht gegen die Finanzstrategien der Chicago Boys, den Wirtschafts-Fachleuten der Pinochet-Diktatur. Unsere moderne, internationale Wirtschaftssteuerung beruht auf den Problemlösungsstrategien eines blutigen Folterregimes. Sie versuchen gar dessen Herrschaftsdefinition, das „Regime", als Demokratie-Surrogat zu etablieren.

Ursprünglich gegründet, um den Ärmsten der Welt zu helfen, verschacherten Weltbank und Co. deren Ressourcen an die Global Players. Das Mont-Pelerin-Treffen nach dem 2. Weltkrieg legte den Grundstein für den Aufbau einer neoliberalen Wirtschaftsstruktur.

Die Agrarpolitik konzentriert sich seither auf das Blinde Vertrauen in die Rezepturen eines stets bekennend verantwortungslosen Wirtschaftssystems.

Die Global Governance der Deregulierer

Die Deregulierung des freien Marktes

Die neoliberale Wirtschaft legitimiert ihren Führungsanspruch mit ihrem Credo des sich selbst regulierenden freien Marktes.

Sie will keine Gesetze zum Schutz der Konsumenten, der Bauern, der Umwelt und des Klimas.

Sie will nur wettbewerbsverzerrende Sondergesetze zum Schutz ihrer Investitionen und Profite: Die Patentrechte auf Biopiraterie und das Verbot der traditionellen Sorten-

Der Agrarfreihandel will alle regulativen Eingriffe der Staaten wie Zölle, Vermarktungshilfen, Lagerbestände, Exportlimitationen und Kontrolle der Nahrungsmittelpreise als unlautere, wettbewerbsverzerrende Handelshemmnisse eliminieren.

Bisher unterstand der Nahrungshandel auch in den ärmeren Ländern der Aufsicht der staatlichen Handelskammern. Die neoliberale Wirtschaft investiert massiv in die Eliminierung dieser nationalen Ernährungs-Souveränität:

Der IWF offerierte grosszügige Kredite an jene Regierungen, die bereit waren, die nationalen Unternehmen im Gesundheits-, Bildungs-, Industrie - und Agrarsektor im Rahmen der Strukturanpassungsprogramme an ausländische Grosskonzerne zu verschachern.

Der deregulierte Freihandel ist alles andere als ein freier Markt, er ist eine Geschützte Werkstatt der Vettern-Wirtschaft.

Die Aneignung der Ressourcen der ärmeren Länder mit den Subprime-Krediten der „grünen Revolution" war eine dermassen erfolgreich Methode, dass die Finanzbranche der Versuchung nicht widerstehen konnten, sie auch in den Industrieländern anzuwenden. Die von den Wirtschaftskräften deregulierten Staaten senkten die staatlichen Leitzinsen erst, nachdem Zigtausende Familien ihre Häuser an die mit staatlichen Milliarden geretteten Banken verloren hatten.

Der Prototyp und das Präjudiz für eine staatliche Ausverkaufspolitik der Bevölkerung an das Big Business.

Die Wirtschaftsabteilungen der UNO sind vermehrt zuständig für Verbrechen gegen die Menschlichkeit. Um sie einzufädeln, nicht um sie zu verbieten.

Der Agrarfreihandel verbietet den armen Ländern die Sicherung der Eigenversorgung, und verkauft deren Nahrungsmittel u.a. als hochsubventionierten Benzinersatz an die Industrieländer. Ein Menschenrecht auf Nahrung existiere nicht, Regierungen, die während Hungersnöten Nahrung importieren, riskieren Strafen durch die WTO.

In der letzten Hungerkrise zeigten sich die unterschiedlichen Regierungsstile: In den Philippinen, einem überbevölkerten Industrieland mit eigener Nahrungsproduktion, aber auch -Importen, bedeutet Hunger Revolte und eine neue Regierung. Also kaufte die Regierung Reis zu jedem Preis, subventionierte ihn und Alle waren zufrieden. In vielen anderen Ländern liessen die Regierungseliten ihre Bevölkerung jedoch ungerührt verhungern.

Die Sicherung des inneren Friedens ist die Voraussetzung für eine stabile Regierung. Die Globalisierungsstrategien fördern instabile, austauschbare Regierungseliten, die Ressourcen, Bodenschätze und Bevölkerung lukrativ an den Meistbietenden verschachern, solange sie noch an der Macht sind.

Die Deregulierung der Demokratien

Die neoliberale Wirtschaft degradiert die Regierungen zu Dienstleistungsbetrieben, die den Industrien ideale Gewinnarrangements zuliefern, sie dereguliert die Demokratien und die Menschenrechte, das Klima und die Umwelt, die Gesellschaft und die Gesundheit der Menschen. Und den freien Markt.

Sie heuchelt eine Greenwash-Blitzbekehrung vor und kauft die Schlüsselpositionen der mächtigsten Seilschaften ein, die nationalen und internationalen Administrationen, um alle Gesetze zum Schutz von Mensch und Natur hinter den Kulissen in Verordnungen für den Schutz ihrer Profite umzumünzen und ihre oft nicht konkurrenzfähigen Industrien mit wettbewerbsverzerrenden Verordnungen und Quersubventionen vor jeder fähigeren Konkurrenz zu schützen.

Das Abkommen zum Schutz der vom Aussterben bedrohten Saatgut-Sorten verkam zu Verordnungen zur Ausrottung von Saatgut. Die Staaten haben das Hoheitsrecht, sie bestimmen die Gesetze, sie können gesellschaftsschädigende Geschäfte verbieten, oder anordnen. Ein Monopol auf Nahrung ist dermassen hochgefährlich, das weder die Konsumenten noch der freie Markt dies zulassen würden. Unsere lobbyierten Administrationen forcieren Freipässe für gefährliche Industrieinteressen und treiben die Enteignungsstrategien unserer Lebensgrundlage voran. Nicht nur der Bauernstand soll verschwinden, in fast allen Sektoren ordnen die zuständigen Regierungsbehörden restriktive Handelshemmnisse an, um die kleinen Betriebe in den Ruin zu treiben, während die Subventionen so angelegt werden, dass sie die technisch meist unfähigen Grossindustrien vor jeder Konkurrenz schützen.

An sich wären die Beamten die Angestellte der Bürger, bzw. der Demokratien. Sie verstehen sich jedoch vermehrt als Vollstrecker neoliberaler Profitstrategien.

Die Deregulierer übernehmen immer unverfrorener die Aufgaben des Staates: Die Gesetzgebungen. Und sie verlangen sogar noch, dass wir sie dafür bezahlen: Croplife, die Dachorganisation der Agrarindustrie, verlangt öffentliche Unterstützung für ihre Beratungsdienste in den nationalen und internationalen Schaltstellen der demokratischen Gesetzgebungen.

Ein schleichender Putsch krempelt die Ziele der Gesetze um: Sie dienen nicht mehr dem Schutz der Gerechtigkeit, sondern dem Schutz der Täter vor der Gerechtigkeit: Die Ministerien verkaufen die Gesellschaft an die meistbietenden.

Das Demokratie-Surrogat „Global Governance"
Korruption ist invasiv.

Die UNO wurde auf eine übermächtige Lobbyorganisation einer verpflichtungsfreien, neoliberalen Wirtschaft reduziert.

Ihre Wirtschaftsabteilungen unterlaufen zusammen mit den Wirtschaftsabteilungen der Staaten alle Bemühungen zum Schutze von Mensch, Natur und Klima durch die Demokratien. Sie agieren als Korruptionsinstrumente, die lukrativen Gefährdungsstrategien inszenieren und finanzieren.

Um jede Gegenwehr der Gesellschaft nachhaltig zu blocken, engagiert sich die neoliberale Wirtschaft für die innovative Führungsmacht einer Global Governance, eine „Weltregierung" soll das Primat der Global Player über die Demokratien besiegeln.

Ihr Businessplan ist das Brandschatzen unserer Zukunft. Sie pressen bereits Wälder, Äcker und Bauern bis auf den letzten Tropfen aus. Aber das ist erst die Ouvertüre: Die Konsumenten der Industrieländer sind ein rentableres Kundensegment.

Eine sich immer massiver etablierende, aber tabuisierte Pandemie der Rechtlosigkeit soll alle demokratischen Gesetze und Instrumente durch Sonderrechte für industrielle Profitstrategien ersetzen und die lästigen demokratischen Instrumente und Institutionen in die Bedeutungslosigkeit abschieben.

Wir werden die Suppe auslöffeln müssen, die uns allzu servile Entscheidungsträger eingebrockt haben. Oder den Löffel abgeben.

Empowerment

Der Leistungsausweis der Hungerhilfe

Warum wird die Welternährung der neoliberalen Wirtschaft unter Führung der Finanzindustrie anvertraut? Einer Industrie, die so unfähig ist, dass sie sich selbst ruiniert. Und einer Wirtschaft, deren Macht auf too big to fail-Kartellen beruht, die von den Wettbewerbsbehörden verbotenen werden sollten.

Die Wirtschaftspolitik verspricht, all jene Probleme zu lösen, die wir ohne sie gar nicht hätten: Verarmung, Hunger, Klima- und Gesundheitsprobleme.

Ihr Leistungsausweis: Ein historischen Hungerrekord, 10 Millionen Hungertote jedes Jahr, alle drei Sekunden verhungert ein Mensch, trotz globaler Überproduktion. Jeder 2. Mensch lebt unterhalb der Armutsgrenze, die Existenzangst ist sein täglich Brot.

Und jeder 2. Mensch wird an Krebs erkranken

Berechtigt ein derartiger Leistungsausweis ihre weitere Führungsrolle in der Hungerhilfe?

EU und USA unterstützen ihre Agrarindustrien mit fast einer Billion an Quersubventionen jährlich. Und gleichzeitig verbietet die WTO, dass Mexiko den Mais für seine hungernde Bevölkerung subventioniert. Den Wettbewerb zu verzerren ist das alleinige Privileg der Winner? Die Winner gewinnen nur, weil sie die Regeln machen, die für alle Loser gelten, aber an die sie selber sich nicht halten.

Die Forderungen der armen Länder nach Nahrungsmittelsouveränität, Selbstversorgung und Bodenreformen seien „wirtschaftsfeindliche Wettbewerbsverzerrungen"? Wenn sich die Mächtigsten Milliardensubventionen für sich und die Kriminalisierung der Kleinen lobbyieren, interessiert sich der Wettbewerbs-Verhüter WTO nicht für die Verletzung seiner eigenen Abkommen: Regierungen, die sich weigern, ihr Volk den Hunger- und Verelendungsstrategien der UNO-Wirtschaftsabteilungen auszuliefern, riskieren Handelskriege.

Win-win-Lösungen

Die Hungernden brauchen die Hilfe des Agrarbusiness?

Die Opfer brauchen die Hilfe der Profiteure der Aushungerungsstrategien?

Die traditionelle Landwirtschaft, die Agrarökologie, das trendige bio und fair bieten längst Anbaumethoden, die reiche Erträge ermöglichen. Ihre win-win-Lösungen sind gratis und rentabel für Produzenten, gesund und günstig für die Konsumenten.

Die besten Methoden sind schon lange bekannt, werden aber konsequent ignoriert, sie können die Hektarerträge zwischen 20 Prozent (unter günstigen) und bis zu 150 Prozent (unter suboptimalen Bedingungen) steigern. [102-103]

- Ernteresten mulchen statt verbrennen senkt die Verdunstung und den Krankheitsdruck, erhöht die Wasserverfügbarkeit, Dürreresistenz und Erträge, und sind ein Gratisdünger.
- Gründünger wie Bohnen, Linsen oder Weissklee können die zeitlichen oder räumlichen Lücken nutzen und so die Gesamterträge und Proteinversorgung erhöhen.
- Fruchtfolgen senken den Ertragsausfälle durch Unkräuter, Erkrankungen und Frassschäden

Diese Methoden ersetzen gratis die gesamte Palette der Agrarindustrie.

Ihre Ertragsteigerungen sind nachhaltig, umwelt- und gesundheitszuträglich.

Es mangelt nicht am Wissen, nur am Gewissen.

Nahrungsmittelsouveränität

Den Armen helfen? Was sagen die wahren Experten, die Betroffenen selber?

Via campesina, ein Zusammenschluss von Organisatoren von Bauern, Hirten, Fischern und einheimischen Völkern hat 300 Millionen Mitglieder. Jeder 20 Erwachsene auf diesem Planeten hat sich bereits mit den Forderungen dieser Gruppierung einverstanden erklärt, der wohl weltweit grösste freiwillige Konsens.

- Die zentrale Forderung auf Nahrungsmittelsouveränität schaffte es bereits in die ersten nationalen Verfassungen.

- Nahrung ist ein Menschenrecht, gesunde Nahrung. Die Staaten sind verpflichtet, die Ernährung ihrer Bevölkerung zu sichern.
- Eine Landreform soll allen Bauern und Bäuerinnen den Zugang zu dieser Ressource ermöglichen. Das traditionelle Saatgut muss geschützt werden, insbesondere vor restriktiven Saatgut-Patenten.
- Die Handelspriorität der Staaten soll die Produktion für den Binnenmarkt und die Nahrungsmittelsicherheit sein.
- Nahrung darf nicht als Waffe genutzt werden, die Staaten sollen sich verpflichten, alle Strategien der Verarmung, Vertreibung, Ausgrenzung, Unterdrückung, Verelendung, Ungerechtigkeit und Hoffnungslosigkeit zu verbieten.
- Kleinbauern sollen auf allen Stufen der agrarpolitischen Entscheidungsfindung mitbeteiligt sein.

Leider weigert sich die internationale Agrarpolitik, diese Vorschläge zu ratifizieren, sie forciert lieber die teuren Patentlösungen der Industrie. Probleme löst man jedoch mit Knowhow, und nicht mit Krediten. Optimales Fachwissen ist die rentabelste aller Investitionen und Innovationen: Kleinere Bauernbetriebe erwirtschaften weltweit pro Hektare höhere Erträge als grössere. [104] Ein Grossteil der Kleinbauern wirtschaftet ohne Agrarchemie, also biologisch. In ihren Feldern sind die Schäden aufgrund der gut abgepufferten Systemstabilität meist sehr gering.

Eine Hektare Agroforestry bringt in Asien jährlich einen Gewinn von 1200 $ ein, bei einem Arbeitsaufwand von 130 Arbeitstagen. Damit verdient ein Agroforestry-Bauer das Zehnfache eines Feldarbeiters in einer Ölpalmen-Plantage. Im fairen Handel erhalten die Bauern dank den Direktverträgen der Kooperativen oder staatlichen Vermarktungshilfen 12% statt 4% des Endpreises, weil keine zwischenverdienenden, überflüssigen Manager und Spekulanten ausbezahlt werden.

Die Regierungen der reichen Länder dürfen den armen Ländern nicht länger verbieten, ihre Bevölkerung vor Hungersnöten zu schützen. Die Staaten müssen nicht nur das Recht haben, ihre Bevölkerung mit den lebensnotwendigen Gütern versorgen zu dürfen, sondern auch eine verfassungsmässige Verpflichtung. Elend ist primär der Verlust jeder

Möglichkeit der Selbsthilfe, die Priorität und Aufgabe der Regierungen ist es, der Bevölkerung den Zugang zu allen benötigten Ressourcen zu gewährleisten.

Die Bank gewinnt immer

Die grossen Heuschrecken der Agrar- und Finanzfonds geben uns Denkrichtungen vor, die wir nicht hinterfragen: Schuld am Hunger seien die angeblich unfähigen Bauern, die mit den gefrässigen kleinen Heuschrecken nicht zurechtkommen. Die Big Players arrangieren einen synthetischen Nahrungsmangel, um die feindliche Übernahme des Nahrungssektors zu ermöglichen.

Der internationale Handel liegt in den Händen einiger weniger Giganten. Und die hätten gerne ihre Konkurrenten eliminiert:

- das trendige öko, bio und fair
- die Bauern, die einzig wirklich notwendigen Produzenten
- die Binnenmärkte

Also investieren sie einige Millionen in das Lobbying der (Land-)Wirtschaftsabteilungen der Staaten und der UNO, um diese demokratischen Strukturen als Helfershelfer für die Privatisierung und Enteignung der natürlichen Ressourcen zu missbrauchen.

Die Ziele der Hungerhilfe der Wirtschaftsabteilungen der UNO, aber auch der Agrarministerien vieler Industrieländer:

- die Schädigung der Ressourcen, der Bodenfruchtbarkeit und Ertragsleistung
- ein Bauernstreben und die Enteignung des Landbesitzes der Bauern
- die nachhaltige Blockierung der Ressourcennutzung
- ein Verbot der staatlichen Vermarktungsstrukturen
- das Verbot einer nationalen Selbstversorgung.
- die Zerschlagung der staatlichen Schutzfunktion und Souveränität
- die Zerschlagung des freien Marktes und insbesondere des Binnenmarktes

Das Agrarbusiness muss die Forderungen nach Foodsecurity, Selbstversorgung und Landreformen in den armen Ländern blocken, noch bevor der freie Markt die nutzlose, giftige Agrarbusiness-Investmentblase erkennt und abhängt.

Kein Ende der Chemo-Ära

Das Wissen ist da, wird aber krampfhaft ignoriert. Systemkenntnisse sind gratis und effizient, die meisten traditionellen Bauern weltweit arbeiten mit solchen systemkompatiblen Methoden. Noch.

Leitlinien für echte Lösungen sollten die Bedürfnisse und Entscheidungen der Betroffenen, bzw. ihrer Organisationen sein. Nur sind sie nicht vereinbar mit dem Raubbau an Natur und Mensch als moderne Investmentstrategie eines „Kapitalismus ohne Adjektive".

Weder die Agronomie noch die Agrarpolitik geben zu, dass die Erträge durch systemkompatible biologische Methoden weit effizienter gesteigert werden, als mit agrarindustriellen Produkten.

Warum weigern sich die Agronomen und die Agrarpolitik beharrlich, ertragssteigernde, traditionelle und biologische Methoden wahrzunehmen und zu fördern? Die Agronomen sind nicht im Geringsten bereit, das Ende der Chemo-Ära einzuläuten.

Der Einsatz von Chemikalien wurde seit dem Aufkommen kritischer Stimmen kontinuierlich gesteigert.

Im Laufe der Deregulierung passten die (Land-)Wirtschaftsministerien ihre Verordnungen den Strategien der Wirtschaftskartelle an, eine institutionalisierte Korruption kontrolliert sämtliche zuständige Gremien.

Sie investieren alle Anstrengungen darauf, unseren Paradiesplaneten in eine Hölle für immer mehr Menschen zu verwandeln. Jeder zweite lebt unter dem Existenzminimum, jeder zweite wird an Krebs erkranken.

Fazit: Die Hungerhilfe der grossen Heuschrecken

Es gibt kaum echte Probleme. Es gibt nur Produkteverkäufer, die uns teuer jene Probleme verkaufen, die wir ohne sie nie hätten.

Und deren einzige Existenzberechtigung die angebliche Bekämpfung ihrer selbst inszenierten Probleme ist.

Die Ursache unser aktuellen Eskalationsspirale ist das unreflektierte Niveau der Problemlösungen: Wozu brauchen wir die Agrarindustrie? Sie legitimiert sich einzig mit ihrem Engagement gegen den Hunger.

Aber Hunger ist kein landwirtschaftliches Problem, sondern ein agrarpolitisches.

Die Landwirtschaft hat keine natürlichen Probleme, sondern nur machtpolitische.

Seit Jahrzehnten bejammern die Agrarministerien der Industrieländer die Überproduktion. Welche die Weltmarktpreise dermassen in den Keller sacken lässt, dass der Anbau unrentabel wird und die Patentlösung Bauernsterben erzwinge. Oft kostet die Produktion mehr, als der Verkaufspreis, den die Bauern erzielen. Also subventioniert die Agrarpolitik eine agrarindustrielle Lebensmittelzerstörung via Mast und Mobilität.

Hunger ist keine Kalamität, sondern eine Businessstrategie. Wer hungert ist ein Teil einer gigantischen menschlichen Puffermasse, die in den Zyklen der Dumpingpreise subventionierter Überproduktionen und den synthetischen Verknappungen spekulativer Hochpreispolitik aufgerieben wird. Das Agrarbusiness nutzt ihre Hungerhilfe für eine lukrative Anreicherung der Nahrung mit überflüssigen Giftstoffen, es propagiert die Patentlösung Bauernsterben, ruiniert und eliminiert diese Konkurrenten mit Subprime-Krediten und invasiven Saatgut-Patenten, und zerstört die Binnenmärkte mit den Strukturanpassungsprogramme des Agrarfreihandels.

Die Bewohner der Industrieländer subventionieren und finanzieren die feindliche Übernahme aller Produktionsressourcen durch die grossen Heuschrecken der Investmentfonds und deren Globalisierung der Goldgrube Hungerfalle. Und so ihre eigene Verelendung, denn die lukrativsten Opfer dieser angekündigten Welt des Mangels und des Leidens sind sie.

Ein Märchen aus uralter Zeit: Als Herkules der Hydra, der mehrköpfigen mythischen Schlange mit Giftzähnen einen Kopf abschlug, wuchsen zwei neue nach. Er musste sie also mit Köpfchen besiegen.

Die Monopolisierung des Regens

"In the abundance of water, the fool is thirsty" Bob Marley
Wassermangel? Aber es regnet doch fast überall viel mehr als wir verbrauchen?! Wo ist denn da ein Engpass?

Mythos Wasserknappheit – Katastrophe, es schneit

Der Aralsee verschwand, die grössten Süsswasserspeicher der Erde vertrocknen.

Die Klimaveränderung bewirkt eine Zunahme der Dürren, in vielen Regionen greift die Verwüstung unaufhaltsam um sich. Den 40 ärmsten Ländern, die meisten im tropischen Lateinamerika und Afrika, werden dürrebedingte Ernteeinbrüche von 10-20% prophezeit.

Und dann der Mangel an sauberem Trinkwasser! Und schon kommen die grossen Agrar-, Nahrungs- und Getränkekonzerne zu Hilfe geeilt, sekundiert von unbedarften Entwicklungshilfeorganisationen, und sorgen für sauberes Trinkwasser in den armen Ländern. Welches sich die Armen aber oft nicht leisten können: In Pueblo alto, nahe der bolivianischen Hauptstadt La Paz, kostete nach der Privatisierung das Wasser für ein Jahr – ein Jahresgehalt. Nach blutigen Protesten wurde die Wasserversorgung rückverstaatlicht.

Verkauft wird ein Wassernotstand mit Bildern von ausgetrockneten, zerrissenen Äckern während den Trockenperioden. Sich über die unfruchtbare Trockenzeit beklagen? Sich über die unfruchtbare Winterzeit beklagen? Man stelle sich vor: Bettelbriefe mit verschneiten Äckern, frierende Leute an den Bushaltestellen, und dem dringenden Appell, den Nordländern endlich geheizte Treibhäuser in den Schnee zu stellen. Damit die endlich auch im Winter etwas zum Essen anbauen können. Bewässerung in der Trockenzeit ist so intelligent und notwendig wie beheizte Treibhäuser im Schnee.

Gebiete mit Trockenzeiten haben in der Regenzeit gute Erträge, und bescheidene während der Trockenphase. Die Jahreserträge sind vergleichbar, die fruchtbarsten Böden sind die Schwarzerden der kalten Permafrostgebiete, die feuchten Tropen mit viel Wasser, viel Sonne und ewiger Anbausaison haben eher weniger fruchtbare Böden.

- Klima gut, Boden mittelmässig: Mehrere mittlere Ernten möglich.
- Klima schlecht, Boden gut: Nur eine sehr gute Ernte möglich.

Die Natur arrangiert eine ausgeglichene Gerechtigkeit?

Die Natur gibt viel, aber man muss nicht immer noch mehr haben wollen.

Verknappung oder Vergiftung?

Wassernotstand? Oder Alarmismus? Das Fehlen von Zahlenmaterial ist bezeichnend:

Real knapp ist das Wasser nur in den Wüstenländern, und das nur saisonal oder regional. Seit Jahrtausenden leben diese Länder damit, es hat sie nicht daran gehindert, unsere westliche Zivilisation zu erfinden, mitsamt Weizenanbau, Schrift, Pyramiden und Wissenschaft. Diese Länder verfügen heutzutage tatsächlich nur noch über das doppelte der real benutzten Wassermenge.

Hysterie und synthetische Panikmache spiegeln eine zwar effizient inszenierte aber imaginäre Mangelsituation vor: Der Wassernotstand ist rein virtuell, denn nur ein ganz kleiner Teil des Wassers wird überhaupt genutzt.

Die grössten Wassermengen konsumiert die industrielle Landwirtschaft, v.a. für die künstliche Bewässerung.

Global werden nur 20% des weltweiten Süsswassers überhaupt genutzt, kein Grund zur Panikmache.

Die Agrar- und Nahrungskonzerne missbrauchen die von ihnen mitverursachte Klimaveränderung als Pseudo-Sachzwang, um sogar den Regen, dieses Geschenk des Himmels zum globalen bottleneck zu privatisieren

Das Problem ist nicht, dass wir zu wenig Wasser hätten. Wir haben heute noch gigantische und ungenutzte Mengen an Regen- und Süsswasser.

Das Problem ist, dass diese Unmengen systematisch vergiftet werden. Von genau jener Wirtschaft, die ihre eigenen Zerstörungen als Vorwand missbraucht, um sich das Verfügungsrecht über diese lebensnotwendige Gratisressource anzueignen.

Der grössere Teil der Gewässer wird von den Chemie-, Agrar-, Erdöl-, Minen- und Schwerindustrien bis zur Ungeniessbar belastet, bzw. vergiftet.

Gewässerverschmutzungen werden kaum bestraft, das ist die reale Haupursache von Engpässen.

Die Lösung des eher seltenen Problems Wassermangel wäre meist sehr einfach: Wasserbelastungen effizient verbieten. Und wenn das nicht klappt, massive Strafen, chemischen Analysen können die Verschmutzungen recht genau den Verursachern zuordnen.

Monopolstrategien
Politik und Wirtschaft beschwören einen angeblichen Wassermangel. Und mehr künstliche Bewässerungen.
Der (angebliche) Mangel wird mit noch mehr Verschwendung gekontert.

Da nur eine Privatisierung genug Investitionen für den Aufbau einer sauberen Wasserversorgung für die künstliche Bewässerung garantiere, müssen die Gemeinden ihre Wassernutzungsrechte an das Nahrungs-, Agrar-, Getränke- und Investmentbusiness abgeben. Die Exportproduktion von kapital- und profitintensiven Blumen-, Frühkartoffel- und Treibstoffplantagen soll forciert werden.

Der Agrarindustrie ist für die Ressourcenmonopolisierung fundamental, sie säuft präventiv möglichst viele der unterirdischen, gigantischen Wasservorkommen leer, um sämtliche Speicherreserven zu eliminieren. Das saubere Wasser der Quellen und neu sogar Flüsse werden an jene verschachert, die das öffentliche Wasser verseuchten und mit der Inszenierung synthetischer Engpässe in eine innovative, lukrative Marktlücke investieren.

Die Privatisierung des Wassers in den Händen ethikfreier, vorbestrafter Grossindustrien sei das Ende des Wasserproblems? Oder wohl eher der Anfang?

Fachkompetenz vs. Techno-Overdrive
Im punischen Krieg streuten die Römer Salz auf die Ackererde, um sicherzustellen, dass Karthago niemals wiederauferstehe.
Das gleiche Schicksal ereilte auch den Aralsee.
Was hat der Aralsee mit Karthago zu tun? Auch der Aralsee wurde durch Salz zerstört.
Die künstliche Bewässerung und Düngung von Baumwolle versalzte und tötete das gesamte Ökosystem der Region ab, die Pestizideinsätze beschleunigten den Untergang fast allen Lebens. Einer der grössten Süsswasserseen der Erde, geopfert den Maximalernten von Baumwolle?

Und welche Lehre zogen wir daraus? Schuld ist immer nur die (klimaveränderte) Natur, aber nie der unveränderte technisch-destruktive Tunnelblick.

Nicht nur gigantische Süsswasserreservoirs können so verschwinden, auch die Fruchtbarkeit der fehlgenutzten Böden. Künstliche Bewässerung führt in Gegenden ohne massivste saisonale Niederschläge zur Versalzung der Böden. Die künstliche Bewässerung in Trockengebieten und deren Bodenversalzung ist eine der Hauptursachen der um sich greifenden Erosion und den voranschreitenden Wüsten. Schuld an der Desertifikation trägt nicht immer der erboste Himmel, es ist wohl öfters eine rücksichtslose industrielle Landwirtschaft, die ihre Böden auf Teufel komm raus auspresst.

Künstliche Bewässerungsanlagen gelten schon lange als der Prototyp des „weissen Elefanten": Subventionsmillionen versickern in überdimensionierte Bewässerungsanlagen.

Technischer Overload funktioniert nicht nachhaltig. Die Anpassung an die Gegebenheiten hingegen benötigt weder grosse Investitionssummen, noch bewirkt sie eine Schädigung der natürlichen Ressourcen.

Die dürreresistente und wassereffiziente bio-Landwirtschaft
Es stellt sich die grundlegende Frage: Soll das Klima der Ackerfrucht angepasst werden? Oder soll die landwirtschaftliche Produktion dem Klima angepasst werden?

Die ökologisch sinnvollste Anbaumethode ist immer die ökonomisch rentabelste.

Die Klimaveränderung bewirkt Dürren? Der fruchtbare Halbmond ist eher trocken und die Geburtsstätte vieler Getreidearten. Die traditionelle Landwirtschaft ist sehr anpassungsfähig, sie weiss die vorhandenen Ressourcen effizient zu nutzen. Landwirtschaftliches Knowhow funktioniert besser und billiger als teure Technik.

Natürliche Systeme lassen sich von Wetterunbilden kaum beeindrucken, sie sind „resilient", „elastisch". Ob sehr viel oder sehr wenig Regen, sehr heiss oder sehr kalt, sie werden vom Wetter kaum geschädigt. Wirksame Lösungen verbessern die Wassernutzungseffizienz und die Systemkompatibilität.

Viele simpel anmutende Methoden sind umweltkompatibel und multifunktionell, und daher auch hocheffizient und wirtschaftlich äusserst attraktiv. Traditionelle Bauern sind nicht „rückständig", sie beherrschten ihr Handwerk besser als die Industrielobbyisten. Denn Verschwendung und Zerstörung war früher keine Gewinnstrategie, Brunnenvergiften und Hungerwucher wurden als Kapitalverbrechen bestraft.

Die Wundermethoden Mulch und Gründünger
Werden Erntereste liegen gelassen statt verbrannt, vervielfacht sich das nutzbare Bodenwasser.
Die künstliche Bewässerung kann fast immer durch diese Gratis-Methode ersetzt werden.
Die Böden bauen sich unter Mulch auf, künstliche Bewässerungen zerstören allzu oft ihre Fruchtbarkeit.
Fast alle künstlich bewässerten Kulturen (auch die des Aralsees) sind ungemulcht.
Die Hälfte des globalen Wasserverbrauchs kann mit dieser einen Gratis-Methode eingespart werden.
Und die Hälfte aller Düngemittel.
Denn der Mulch liefert die Hälfte der von der folgenden Ackerkultur benötigten Nährstoffe.
In Rodale wurden unterschiedliche Dünger gegeneinander getestet. Die Maiserträge von Kunst-, Grün- und Stalldünger waren vergleichbar.
In Dürrejahren produzierte der kunstgedünge Mais jedoch 25 % weniger Ertrag als der grüngedüngte.
Gründünger liefert als Untersaat oder Zwischenfrucht genug Dünger für die folgende Kultur. Bei einer knappen Wasserversorgung empfiehlt sich bei Untersaaten dürreempfindlichen Sorten, vertrocknet schützt sie die Erde immer noch, sie konkurrieren aber die Kulturpflanzen nicht. Wasser und Dünger sind keine echten Engpässe. Es fehlt nur am Wissen und am Willen.
Die Pufferwirkung ökologischer Landwirtschaftspraktiken zahlt sich gerade in klimatisch unsicheren Zeiten und Zonen aus. Intelligente Gratismethoden können einen teuren, aufwändigen und an sich überflüssigen

Techno-Overdrive sehr wohl ersetzen. Dürreresistente Anbaumethoden wie Mulch und Gründünger können sogar bei minimalem Regen befriedigende Ernten einfahren. Ohne jegliche Spezialinvestition können die Ertragssteigerung in suboptimalen Zonen weit mehr als 100% erreichen. Weit mehr als die kühnsten Versprecher der industriellen Landwirtschaft. [73]

Je besser die Bodenstrukturen und die Wurzelbildung, desto krisenresistenter. Die verbesserte Wasserverfügbarkeit minimiert Ertragsdepressionen und Ausfälle wegen Wassermangel. Die optimalen Aggregatstrukturen ermöglichen das Eindringen eines mehrfachen des Regenwassers, die erhöhten Humusanteile können das Wasser viel effizienter speichern.

Die Ursache der meisten Ertragsverluste ist zu wenig Wasser während der Ausreifungsphase.

In der bio-Landwirtschaft müssen die Pflanzen für sich selber sorgen, ihr Wurzelwerk ist stark ausgebildet, die kunstgedüngten Schösslinge hatten nie die Motivation, ihre Wurzeln gut auszubilden.

Wurde gemulcht, ist die Bodenoberfläche im Schatten der toten Vegetation so kühl, dass wenig Feuchte entweicht. Ameisen, Termiten, Regenwürmer und andere Bodenlebewesen durchlöchern den Boden und eine allfällige Krustenstruktur an der Oberfläche, ihr tiefreichendes Kanalsystem ermöglicht ein sofortiges schwammähnliches Aufsaugen des köstlichen Nass.

In trockenen Regionen oder Gebieten mit unberechenbaren Niederschlagsmengen zahlt sich die Biodiversität erst recht aus: Hecken, Stoppeln der Vorkultur, Windbruch-Ammenpflanzen und Sorten-Mischtrick.

Die industriellen Teufelskreise

Eine intelligente und günstige Wassernutzung ist der Verzicht auf arbeitsaufwändige Austrocknungsmethoden. Die Umstellung auf einen optimalen Regenwasserrückhalt und Ackerkultur genügt fast immer, sie ist risikofrei und zudem gratis.

Schuld an den aktuell beklagten Ertragsausfällen ist fast immer ein unangepasster, agrarindustrieller Overdrive: Die überempfindliche Hochertrags-Hybriden erbringen nur unter optimalen Bedingungen eine gute

Leistung, beklagen u.a. die EU, die FAO, die Weltbank und einige Chefs der Agrarkonzerne.

Die industrielle Agronomie verpasst keine Chance, um mit ihren unsinnigen Anleitungen Erträge und Bauern zu ruinieren: Zuerst wird das Gratis-Regenwasser nach allen Regeln der Kunst verdampft, nackte, unbedeckte Erde ist wie ein Krug an der brütenden Sonne, jeder vernünftige Mensch stellt sein Wasser in den Schatten.

Ein Acker müsse so lange bearbeitet werden, bis er feinkrümelig ist und die natürlichen Strukturen für die Wasserspeicherung zerstört sind, Kunstdünger hagert ihn aus, so dass die nicht mehr speicherfähigen Böden künstlich bewässert werden müssen, die Schösslinge werden überdüngt, so dass sie verwöhnt und unselbständig bleiben und künstlich bewässern werden müssen, dann noch Agrarchemikalien drauf, und einige starke Regenfälle später ist der Boden hermetisch versiegelt. Bei den folgenden Regenfällen schiessen die Wassermassen über ihn hinweg, nur ein minimer Teil des Regens kann von den verschlämmten Ackerböden aufgenommen werden. In Trockengebieten pflügen die Bauern vor dem Regen, damit das kostbare Nass überhaupt noch eindringen kann.

Abholzungen und agrarindustrielle Bodenverdichtungen sind allzu oft die menschgemachten Ursachen grossflächiger Überschwemmungen. Die Kosten solcher Katastrophen stehen in keinem Verhältnis zu den angeblichen Gewinnen der industriellen Landwirtschaft.

Es darf nicht übersehen werden, dass solche Ereignisse bisher glimpflich verliefen. Die Überflutungen von chemischen Fabriken und Kernkraftwerken konnte bisher durch Schleusenregulierungen und immer öfters durch die teuren Ersatzflutungen von Siedlungen verhindert werden. Die Natrium-Kühlsysteme gewisser Kernkraftwerktypen neigen zu heftigen, unkontrollierbaren Explosionen, wenn sie mit Wasser in direkten Kontakt kämen. Auch die Produkte der Chemiewerke könnten grosse Teile der Böden, des Grundwassers und der Gesundheit der von den Überschwemmungen betroffenen Bevölkerung nachhaltig gefährden. Die Verantwortlichen von Wirtschaft und Politik müssen die humanen und monetären Kosten dieser vermeidbaren Risiken bei ihren Entscheidungen mitberechnen.

Verdursten statt verhungern

Wasser - ein Paradebeispiel der Instrumentalisierung allzu naiver Gutmenschen für eine tödliche Profitmaximierungsstrategie? Viele Entwicklungshilfeorganisationen stürzen sich mit mehr Begeisterung als Achtsamkeit in den Verteilungskampf um diese natürliche Ressource
Dass die Armen nicht nur langsam verhungern, sondern effizienter und schneller dem Durst zum Opfer fallen, ist eine allgemeine, weltweite Strategie. Eine Entwicklungshilfe, die einem Teil der Bevölkerung das Recht auf ein lebensnotwendiges, ein reichlich vorhandenes Gut nimmt? Düstere Absichten, bzw. Aussichten?
Wasser muss gratis bleiben. Dieses Geschenk der Natur, gibt es vermehrt oft nur noch für jene, die Geld haben.
Die UNO-Wirtschaftsabteilungen verbieten den Staaten, die Wasserversorgung armer Gemeinden zu subventionieren. [105]

„Dreckiges" Wasser?

Der menschliche Organismus verfügt über effiziente Abwehrmechanismen gegen Krankheitserreger. Nicht aber gegen synthetische Giftstoffe. Diese schwächen den Organismus und das Immunsystem und erschweren so die natürliche Krankheitsabwehr.
Erreger können durch Abkochen eliminiert werden, Gifte nicht.
Chemisch belastetes Wasser oder zu wenig Geld für Wasser ist schon lange eine weitaus bedrohlichere Erkrankungsursache als Keime im Wasser. Das völlige Ausklammern der systematischen und intensiven Vergiftung der Wasserressourcen verrät die eigentliche Motivation unserer selbstlosen Helfer: Wenn Giftbelastungen so einfach totgeschwiegen werden können, dann können sie auch optimiert werden. Grossflächig werden arme Länder mit in den Industrieländern verbotenen, krebserregenden Gift wie DDT eingestäubt, um Krankheiten zu bekämpfen, die weniger gefährlich sind als solche Langzeitvergiftung. Ein gezielter Teufelskreis: Wer von kanzerogenen Insektiziden geschwächt wurde, insbesondere Kinder natürlich, fällt erst recht Krankheiten zu Opfer.

Sinnvoller als die Enteignung der lokalen Wasserrechte wäre es, Gifte an sich zu verbieten. Unmöglich? Diese Fusion von Teufel und Beezlebub, Vergiftung und Monopolisierung löst kein Wasserproblem, es eskaliert es.

Fazit: Die Monopolisierung des Regen
Ob Nahrungsmittel Wasser oder Primärenergie: Es hätte mehr als genug, wenn auf die Verschwendung und Vernichtung verzichtet würde
Das Konzept ist immer das gleiche: Die Industrien beschwören einen angeblichen Mangel, um sich Milliardensubventionen für die Monopolisierung lebenswichtiger Ressource auszahlen zu lassen, um so eine echte Mangelsituation zu schaffen.

„Unsichtbar wird der Wahnsinn, wenn er genügend grosse Ausmasse angenommen hat." B. Brecht

Fazit: Das Agrarbusiness – eine giftige Investmentblase

Sie versprechen uns eine Welt des Mangels. Und sie sorgen dafür, dass wir es auch finanzieren.

Die Kernkompetenz des Agrarbusiness ist die Gefährdung der globalen Bevölkerung:

Jeder 2. Mensch lebt unterhalb der Armutsgrenze, und hat Angst vor dem Hunger(-Tod).

Und jeder 2. Mensch wird an Krebs erkranken.

Rund 10 Millionen Menschen verhungern jedes Jahr.

Rund 10 Millionen Menschen sterben jedes Jahr an Zivilisationserkrankungen.

Das Agrarbusiness ist für einen Grossteil dieser Toten verantwortlich.

Mit dem Gefährdungsbusiness legitimiert das Agrarbusiness das zweite: Die einzige Legitimierung für die Pestizide ist ihre Hungerhilfe.

Ein Paradigmenwechsel ist überfällig: Ein Verbot der Pestizide würde jene giftigen Investmentblasen platzen lassen, deren Kernkompetenz die grössten Massenmorde aller Zeiten sind. Die Verharmlosung dieser Gefährdungsstrategien als Kavaliersdelikt oder Kollateralschäden ist ein Freipass und ein Garant für eine weitere Expansion dieser Business-pläne.

Das Agrarbusiness verfügt über keine Existenzberechtigung, es ist ein überflüssiger Parasit. Es weist die typischen Eigenschaften der Parasiten auf: Sie sind faul und unfähig, sich selbständig zu ernähren, sie müssen die Arbeit Anderer an sich reissen.

Wir können diesen Planeten in ein Paradies für Alle umwandeln, mit genug günstigem und gesundem Essen für Alle. Dies zu verhindern ist die Zielsetzung und die Existenzgrundlage der bekennend verantwor-tungsfreien multinationalen Konzerne.

Literaturverzeichnis

1. Chervet, A. Schwarz R., Sturny W. (2008): Trotz Fusarien: Direktsaat zum nachhaltigen Bodenschutz, Amt für Landwirtschaft und Natur, Bodenschutzfachstelle des Kantons Bern

2. Chervet A., Gubler L., Hofer P., Maurer-Troxler C., Müller M., Ramseier L., Streit, Sturny W. G., Weisskopf P., Zihlmann U. (2007): Direktsaat im Versuch und in der Praxis - Erkenntnisse aus einem langjährig eingesetzten Direktsaatsystem, Datenblatt 1.6.7, Agridea, August 2007,

3. Business 2010 newsletter: Agribusiness Volume 3, Issue 2 - February 2008: Agribusiness, Interview: Martin Taylor, Chairman of the Board, Syngenta

4. IPCC, Ciais, P., C. Sabine, G. Bala, L. Bopp, V. Brovkin, J. Canadell, A. Chhabra, R. DeFries, J. Galloway, M. Heimann, C. Jones, C. Le Quéré, R.B. Myneni, S. Piao and P. Thornton (2013): Carbon and Other Biogeochemical Cycles. In: Climate Change 2013: The Physical Science Basis. Contribution of Working Group I to the Fifth Assessment Report of the Intergovernmental Panel on Climate Change, Cambridge University Press, Cambridge, United Kingdom and New York, NY, USA.

5. Paustian, K. A. O. J. H., Andren, O., Janzen, H. H., Lal, R., Smith, P., Tian, G., ... & Woomer, P. L. (1997). Agricultural soils as a sink to mitigate CO_2 emissions. Soil use and management, 13, 230-244.

6. Donigian, A.S., Barnwell, T.O., Jackson, R.B., Patwardhan, A.S., Weinrich, K.B. (1994): Assessment of alternative management practices and policies affecting soil carbon in agroecosystems of the central United States, EPA Report. EPA/600/R-94-067 / PB-94-189420/XAB

7. Lal, R. (2003): Soil erosion and the global carbon budget. Environ Int. 29(4):437-50.

8. Kelly, H. W., (1983): Keeping the land alive. Soil erosion, its causes and cures. FAO Soils Bulletin N° 50, FAO, Rome. 78 pp / FAO World Soil Resources Reports 96 (2001): Soil carbon sequestration for improved land management

9. Matson P. A., Parton, W. J. Power, A. G., Swift M. J. (1997): Agricultural Intensification and Ecosystem Properties, Science, vol. 277 25 July 1997

10. USDA United states department of agriculture Crop index,

11. Bundesministerium für Ernährung und Landwirtschaft (Deutschland) getreideernte

12. Motavalli P. P., Kremer, R. J., Fang, M., Means, N. E. (2004): Impact of Genetically Modified Crops and Their Management on Soil Microbially Mediated Plant Nutrient Transformations, J. Environ. Qual. 33:816–824

13. Grenzwerte des Amtsblatt der europäischen Gemeinschaften Nr L 211/13 vom 23.8.93 (Rückstände von Schädlingsbekämpfungsmitteln und Höchstgehalte an Rückständen) http://eur-lex.europa.eu/legal-content/DE/TXT/?uri=CELEX:32013R0293

14. Verordnung (EU) Nr. 293/2013 der Kommission vom 20. März 2013 zur Änderung der Anhänge II und III der Verordnung (EG) Nr. 396/2005 des Europäischen Parlaments und des Rates hinsichtlich der Rückstandshöchstgehalte für Emamectinbenzoat, Etofenprox, Etoxazol, Flutriafol, Glyphosat, Phosmet, Pyraclostrobin, Spinosad und Spirotetramat in oder auf bestimmten Erzeugnissen, 5.4.2013 Amtsblatt der Europäischen Union L 96/1

15. Ellert, B. H., Gregorich, E. G. (1996): Storage of carbon, nitrogen and phosphorus in cultivated and adjacent forested soils of Ontario, , Soil Science, Vol. 161, Issue 9, pp 587-603,

16. Europäischen Union, REACH-Verordnung „Registration, Evaluation, Authorisation and Restriction of Chemicals" : Art. 60 Abs. 4 REACH:

17. Krüger M, Schrödl W, Veldkamp I, Shehata A. (2014): Detection of Glyphosate in Malformed Piglets. J Environ Anal Toxicol 4: 230.

18. Paganelli, A., Gnazzo, V., Acosta, H., López, S.L., Carrasco, A.E. (2010): Glyphosate-based herbicides produce teratogenic effects on vertebrates by impairing retinoic acid signaling. Chemical research in toxicology 23.10. 2010

19. Palm, C., Blanco-Canqui, H., DeClerck, F., Gatere, L. (2013): Conservation agriculture and ecosystem services: An overview. *Agr. Ecosyst. Environ.* **187,** 87–105

20. Manley, J., Van Kooten, C., Moeltner, K., Johnson, D.W. (2005): Creating Carbon Offsets In Agriculture Through No-Till Cultivation: A Meta-Analysis Of Costs And Carbon Benefits:, Climatic Change 68: 41–65

21. Veldkamp, E., (2008): Effects of Pasture Management on N_2O and NO Emissions From Soils in the Humid Tropics of Costa Rica. -Dynamics of upward and downward N_2O and CO_2 fluxes in ploughed or no-tilled soils in relation to water-filled pore space, compaction and crop presence Field investigationsn Soil and Tillage Research 101(1-2):20-30 · September 2008

22. Internet-Zitat: „CCX CFI contracts are issued for conservation tillage at a rate between 0.2 and 0.6 metric tons CO_2 per acre per year." …(CFI® = tradable Carbon Financial Instrument®).„In fact, farmers who use conservation tillage can sell "credits" for the CO_2 that the practice saves (by sequestering it in the soil) on the Chicago Climate Exchange; members buy

such credits to offset their… or the same price of $3.35 per ton of CO_2

23. West, T.O., Post, W.M., (2002): Soil Organic Carbon Sequestration by Tillage and Crop Rotation: A Global Data Analysis. Carbon Dioxide Information Analysis Center, U.S. Department of Energy, Oak Ridge National Laboratory, Oak Ridge, Tennessee, U.S.A.

24. Powlson, D.S., Stirling, C. M., Jat, M. L.; Gerard, B. G., Palm, C. A., 2014) Limited Potential of no-till agriculture for climate change mitigation. Nature Climate Change, Vol. 4 pp 678–683

25. Baker, J.M., Ochsner, T.E., Venterea, R.T., Griffis, T.J. (2007): Tillage and soil carbon sequestration-What do we really know? Agriculture, Ecosystems and Environment, 118 (1), p.1-5, Jan 2007: die steiten eine Humuserhöhungdurch no-till ab

26. Prashun, V. (2012): On-farm effects of tillage and crops on soil erosion measured over 10 years in Switzerland. Soil and Tillage Research, 120; 137 - 146)

27. Lal, R. (2011): Soil Carbon Sequestration: SOLAW Background Thematic Report–TR04B

28. Petersen et al. 2000). Participatory development of no-tillage systems without herbicides for family farming. Environment, Development & Sustainability, 1(3-4) 235-252).

29. Smith, P., (2005): Carbon sequestration potential in European croplands has been overestimated, Global Chance Biology, Volume 11, Issue 1, p. 2153–2163, „The only trend in agriculture that may be enhancing carbon stocks on croplands at present is organic farming, and the magnitude of this effect is highly uncertain."

30. Gattinger, A., Müller, A., Häni, m., Skinner, C., Fliessbach, A., Buchmann, N., Mäder, A., Stolze, M., Smith, P., El-Hage Scialabbad, N., Niggli, u. (2012): Enhanced top soil carbon stocks under organic farming, Edited by William H. Schlesinger, W.H., Cary Institute of Ecosystem Studies, Millbrook, NY,

31. Frank, A.B. Berdahl, J.D. et al I (2004): Biomass and Carbon Partitioning in Switchgrass, Crop science 2004 Jul-Aug, v. 44, no. 4 2004 Regression analysis indicated that soil organic C to 0.9-m than corn (Zeamays L.). Increases in soil C under switchdepth increased at the rate of 1.01 kg C m_2 yr_1.

32. Bernhoft, A., Clasen, P.E., Kristoffersen, A.B., Torp, M. (2010): Less Fusarium infestation and mycotoxin contamination in organic than in conventional cereals, Food Additives & Contaminants. Part A Volume 27, Issue 6,

33. Edwards, S.G., (2009): Fusarium mycotoxin content in UK organic and conventional oats. Food Additives and Contaminants, part A

34. Benbrook, C. (2005): Breaking the mold—impacts of organic and conventional farming systems on mycotoxins in food and livestock feed, Organic Center State of Science Review.

35. Gottschalk, C., (2007): Occurrence of type A trichothecenes in conventionally and organically produced oats and oat products. Molecular Nutrition & Food Research 51: 1547-1553

36. Krebs H., Dubois D., Külling C., Forrer H.-R., Streit B., Rieger S., Richner W (2000): Fusarien- und Toxinbelastung des Weizens bei Direktsaat, Agrarforschung 7 (6) pp. 264-268

37. Forrer, H.R. Musa, T. Hecker, A. Müller, M., Roffler, S., Wettstein, T, Vogelgsang, S., (2008): Bedeutung, Prognose & Bekämpfung von Fusarien & Mykotoxinen bei Getreide? Publikation des Agroscope Reckenholz-Tänikon

38. Forrer H.R., Hecker A., Külling C., Kessler P., Effi Jenny E, und Heinz Krebs H. (2000): Fusarienbekämpfung mit Fungiziden, Agrarforschung 7 (6) pp. 258-263

39. Schachermayr, G. Fried P.M. (2000): Problemkreis Fusarien und ihre Mykotoxine. Agrarforschung 7 (6), 252-257

40. Weinert, J., Wolf, G.A. (1995): Gegen Ährenfusariosen helfen nur resistente Sorten. Pflanzenschutz-Praxis 2, 30-32.Medienmitteilung

41. Swissgranum 30.9.2014: Tiefstes Mykotoxin-Belastungsniveau bei Brotweizen seit 2007, / Bilanz der Erntesituation 2014, 17.10.2014

42. Henriksen, B. Elen, O. (2005), Natural Fusarium Grain Infection Level in Wheat, Barley and Oat after Early Application of Fungicides and Herbicides, Journal of Phytopathology, Volume 153, Issue 4, pages 214–220 mehr infection bei fungiziden als unteated

43. DuPont: Mit Sicherheit ernten – DuPont Pflanzenschutz 2013

44. Krebs H., Bänziger I., Legro R.J., Vogelgsang S (2011): Alternative Bekämpfung des Schneeschimmels (Microdochium nivale) bei Bio-Weizen, Agrarforschung Schweiz 2(2), 88-95, 2011

45. Mouron, P. Calabrese, C. Breitenmoser, S. Simon Spycher, S.3 und Robert Baur, R (2013): Nachhaltigkeitsbewertung von Insektiziden im Getreide- und Kartoffelanbau der Schweiz, Agrarforschung Schweiz 4 (9): 368–375

46. Vogelgsang, S. (2013): Bekämpfung des Schneeschimmels (Microdochium majus) bei Winterweizen mit Naturstoffen – vom Labor ins Feld Beiträge zur 12. Wissenschaftstagung Ökologischer Landbau, Bonn, Verlag Dr. Köster

47. Winter, W., Bänziger, I., Rüegger, A., Schachermayr, G., Krebs, H. (2001): Magermilchpulver und Gelbsenfmehl gegen Weizenstinkbrand, AGRARForschung 8 (3): 118-123,

48. Forrer, H-R., Tomke Musa, T., Schwab, F., Jenny, E., Bucheli. T. D., Wettstein, F.E., Keqiang Cao, K., und Susanne Vogelgsang, S., (2014): Mit Rhabarber, Faulbaum und Gerbstoffen gegen Fusarien und Mykotoxine in Weizen. Agrarforschung Schweiz 5 (11–12): 466–473,

49. Pflanzenschutzmittel-Verzeichnis des Bundesamtes für Landwirtschaft Schweiz

50. Jahn M., (2010): Saatgutbehandlung im ökologischen Landbau (2010) Julius Kühn Institut , Bundesforschungsinstitut für Kulturpflanzen

51. Vogt-Kaute, W., Diethart, I. Tilcher, R. (2011): Untersuchungen zur Wirkung von alternativen Saatgutbehandlungsmitteln gegen den Schneeschimmel am Weizen

52. Hertrich, J. Voit, B: Berta Killermann, B. (2009):Keimfähigkeit, Triebkraft, Feldaufgang und Steinbrandbefall bei Winterweizen mit unterschiedlicher Saatgutqualität, Brandsporenbelastung und Saatgutbehandlung im Öko-Landbau, 60. Tagung der Vereinigung der Pflanzenzüchter und Saatgutkaufleute Österreichs der Vereinigung Pflanzenzüchter Saatgutkaufleute Österreichs

53. Waldow, F., Jahn, M., Wächter, R., Koch, E., Vogt-Kaute, W., Spiess, H., Müller, KJ., Wilbois, KP. (2007)): Untersuchungen zur Wirkung alternativer Saatgutbehandlungen gegen Auflaufschaderreger in Getreide 9. Wissenschaftstagung ökologischer Landbau

54. Bundesprogramm ökologischer Landbau Leitfaden Saatgutgesundheit im Ökologischen Landbau – Ackerkulturen BÖL,

55. 9. Wissenschaftstagung ökologischer Landbau, 2007: Physikalische Verfahren zur Behandlung von Saatgut im ökologischen Anbau

56. Bundesprogramm ökologischer Landbau: Leitfaden Saatgutgesundheit im Ökologischen Landbau – Ackerkulturen BÖL

57. Hecker, A., Forrer, H.R. (2003): Gesunde Kartoffeln dank Warmwasser-Behandlung Schriftenreihe der FAL. 45, 42-46

58. Daniel, C., (2009): Bekämpfung des Rapsglanzkäfers am FiBL, Bioaktuell Forschungsergebnisse 2009 des FiBL

59. Winzeler, M., Gaillard, G. (2014) : Agroscope-Forschungsinitiative Produktion 2020, Neues nachhaltiges landwirtschaftliches Produktionssystem, Fachtagung nachhaltige Agrarsysteme, BLW, Bundesamt für Landwirtschaft, Schweiz

60. Bundesamt für Landwirtschaft, Schweiz (2014-2018): Agrarbericht

61. Oerke, E.-C., Dehne, H.-W. (2004): Safeguarding production—losses in major crops and the role of crop protection Crop Protection 23 pp. 275–285 ¨

62. Swissgranum Situationsbericht Mycotoxin 2011 bis 2014

63. Gutzwiller, A., Chaubert, C,. Gafner J-L., Glauser, W. (2002): Mycotoxine im Schweizer Getreide , Erhebeung

64. Czeglédi L., Gutzwiller, A. (2006): Mykotoxine in Schweizer Futtermitteln und Getreide . Agrarforschung 13 (8), 342-347,

65. Mühlethaler, P. (1988): Auswirkungen der Unkrautbekämpfung auf den Ertrag von Getreide. Mitt. Schweiz. Landw. 36, 38-43

66. Kolbe, W. (1987): Untersuchungen zur Verhinderung der Unkrautentwicklung im Acker- und Gartenbau – Pflanzenschutz, Heft 22. Rheinischer Landwirtschaftsverlag, Bonn

67. Dicke, D Jacobi, J Andreas Buchse, A: Quantifying herbicide injuries in maize by use of remote sensing/ Quantifizierung von Herbizidschäden in Mais mit Hilfe von Fernerkundung, 25th German Conference on Weed Biology and Weed Control, March 13-15, 2012, Braunschweig, Germany

68. Wilde, G., Roozeboom, K., Claassen, M., Janssen, K., Witt, M., (2004): Seed Treatment for Control of Early-Season Pests of Corn and Its Effect on Yield. J. Agric. Urban Entomol. Vol. 21, No. 2

69. Del Pozo-Valdivia, A., Reisig, D., Arellano, C. Heiniger R.W. (2018): A case for comprehensive analyses demonstrated by evaluating the yield benefits of neonicotinoid seed treatment in maize (Zea mays L.), Crop Protection Volume 110, Pages 171-182

70. Raphaël Charles, R., Cholley, E., Frei, P., Mascher, F. (2011): Krankheiten beim Winterweizen: Einfluss des Anbausystems und Auswirkungen auf den Ertrag, Agrarforschung Schweiz 2 (6): 264–271,

71. RICHTLINIE DES RATES vom 15. Juli 1991 über das Inverkehrbringen von Pflanzenschutzmitteln (91/414/EWG) Artikel 14 „Die Vetraulichkeit" (EU) Nr. 283/2013 der Kommission vom 1. März 2013 zur Festlegung der Datenanforderungen für Wirkstoffe gemäss der Verordnung (EG) Nr. 1107/2009 des Europäischen Parlaments und des Rates über das Inverkehrbringen von Pflanzenschutzmitteln, Anhang II

72. Schweiz: Verordnung über das Inverkehrbringen von Pflanzenschutzmitteln (Pflanzenschutzmittelverordnung, PSMV) 916.161, Vertrauliche Daten Artikel 52, 3 g Nach der Zulassung sind folgende Daten in keinem Fall vertraulich: die Zusammenfassung der Ergebnisse ... zum Nachweis der Wirksamkeit.

73. Mando, A., Brussaard, L., Stroosnijder, L. (2002): Managing termites and organic resources to improve soil productivity in the Sahel. Organized Jointly

74. Stephens, C.S. (1984): Ecological upset and recuperation of natural control of insect pests in some Costa Rican banana plantations. In: Turrialba 34: 101-105

75. Oka, I. N. (1991). Success and challenges of the Indonesian national integrated pest management program in the rice based cropping system. Crop Protection

76. Barnett, S.J., Doget, D.K., Ryder, M.H. (2006): Suppression of Rhizoctonia solani AG-8 induced disease on wheat by the interaction between Pantoea, Exigobacterium and Microbacteria. Australian Journal of Soil Research 44, 331-42

77. Schmidt, I., Wittenmayer, L. Merbach, W. Garz, J. (2004): Exkursionsführer zu den Dauerdüngungsversuchen auf dem Julius-Kühn-Versuchsfeld in Halle (Saale) Martin-Luther-UNI Halle, Wittenberg, Landw. Fakultät , Inst Bodenkunde u. Pfl. Ernähung

78. Badgley, C., Moghtader, J., Quintero, E., Zakema, E., Chappella, Avilés-Vázquez, J.K. Amulon, A., Perfecto, I. (2006): Organic agriculture and the global food supply, Renewable Agriculture and Food Systems: 22(2); 86–108

79. Litterick, A., Harrier, L., Wallace, P., Watson, C. (2004): The role of uncomposted materials, composts, manures, and compost, Critical reviews in plant science,

80. Bezdicek, D.F., Power, J.F. (Eds.) 1984: Organic Farming: Current Technology and its Role in a Sustainable Agriculture, Madison, Wisconsin: American Society of Agronomy, p. 151-161.

81. Culliney, T. W., Pimentel, D. Lisk, D. J. (1986): Ecological effects of organic agricultural practices on insect populations. Agriculture. Ecosystems. and Environment, 15, 253–266.

82. Clark S., et al 1999a. Crop-yield and economic comparisons of organic, low-input, and conventional farming systems in California's Sacramento Valley. American Journal of Alternative Agriculture v. 14 (3) p. 109-121

83. Drinkwater, L.E. et al, 1995. Fundamental Differences between Conventional and Organic Tomato Agroecosystems in California. Ecological Applications, v. 5 (4) p. 1098-1112

84. Welsh, R. 1999. The Economics of Organic Grain and Soybean Production in the Midwestern United States, Henry A. Wallace Institute for Alternative Agriculture (http://www.haw-iaa.org/pspr13.htm)

85. Hepperly, P., Seidel, R., Pimentel, D., Hanson, J., and D. Douds. (2005): Organic Farming Sequesters Atmospheric Carbon and Nutrients in Soils, und The Rodale Institute Farming Systems Trial, 23 Years of Scientific Data & Discovery

86. Altieri, M., Nichols, C. (2003): Soil fertility management and insect pests: harmonizing soil and plant health in agroecosystems, Soil and Tillage Research, Volume 72, Issue 2, August, Pages 203–21

87. Mail vom 6.7.2017 von Dr. Michael Beer, Vizedirektor, Eidgenössisches Departement des Innern EDI, Bundesamt für Lebensmittelsicherheit und Veterinärwesen BLV, Abteilung Lebensmittel und Ernährung an die Autorin Das ungekürzte Originalzitat des Schweizer Bundesrates und Wirtschaftsminister Schneider-Ammann an unsere NGOs: *„Im 2015 hat die internationale Agentur für Krebsforschung (IARC) Glyphosat als „wahrscheinlich krebserregend für den Menschen" beurteilt -*

d.h. Glyphosat wurde in dieselbe Risikokategorie eingeteilt wie z.B. rotes Fleisch und ist damit gemäss IARC weniger krebserregend als z.B. alkoholische Getränke oder verarbeitete Fleischwaren. ").

88. Sterbefälle und Sterbeziffern wichtiger Todesursachen, nach Alter, Bundesamt für Statistik, Schweiz

89. Todesursachen in Deutschland, Destatis

90. I N Oka, I. N., Pimentel, D (1976): Herbicide (2,4-d) increases insect and pathogen pests on corn, Science 193(4249):239-40

91. Kaffka, S. (2004): System level properties and relationships associated with organic management.' Proceedings California Organic Production and Farming in the New Millennium: A Research Symposium, July 15, 2004 The International House. Das Proceeding auf die Liste empfehlenswerter Bücher. Also spritzt der Bauer

92. Baumann Timo 2011: Giftgas und Salpeter, Chemische Industrie, Naturwissenschaft und Militär von 1906 bis zum ersten Munitionsprogramm 1914/15

93. Pinheiro Sebastiao (1998): Cartilha dos Agrotoxicos. La Salle, Fundaçao Juquira Candiru

94. http://www.panna.org/issues/pesticides-profit/farm-to-fork PAN USA The farm share of food dollars has declined continuously since the USDA started tracking these figures in 1950 — from 44% to 19%.

95. Collins, J., Lappé, F.M.(1978): Food first", vom Mythos des Hungers Fischer alternativ

96. FAO (2009): A GLOBAL TREATY FOR FOOD SECURITY AND SUSTAINABLE AGRICULTURE International treaty on plant genetic resources for food and agriculture, Internationaler Vertrag

über pflanzengenetische Ressourcen für Ernährung und Landwirtschaft"

97. Verordnung über die Erhaltung und die nachhaltige Nutzung von pflanzengenetischen Ressourcen für Ernährung und Land-wirtschaft (PGRELV) vom 28. Oktober 2015 (1. Januar 2018)

98. Verordnung des EVD über Saat- und Pflanzgut von Acker- und Futterpflanzenarten (Saat- und Pflanzgut-Verordnung des EVD) Artikel 29. vom 7. Dezember 1998 (Schweiz)

99. https://www.croptrust.org/about-us/donors/

100. Europäisches Patentübereinkommen (Art. 53b EpÜ),

101. Archer Daniels midland company" agricultural outlook Forum 2007 Agriculture at the crossroads

102. -Singh, Y., Ladha J.K., Singh, B., Khind, C.S.. (1994): Efficient management of leguminous green manures in wetland rice. Adv. Agron. 45:135–189.

103. Pretty, J. P., Hine, R., 2001. Reducing Food Poverty with Sustainable Agriculture: A Summary of New Evidence. Primal Report from SAFE-World Research Project (The Potential of Sustainable Agriculture to Feed the World) University of Essex, Colchester, UK.

104. Peter Rosset, P., (1999) "The Multiple Functions and Benefits of Small Farm Agriculture in the Context of Global Trade Negotiations," Food First Policy Brief (Oakland, CA: Food First Books/Institute for Food and Development Policy).

105. Barlow, M., Clarke, T. (2003): Blaues Gold. Das globale Geschäft mit dem Wasser. Antje Kunstmann Verlag, München